六ヶ所村　ふるさとを吹く風

菊川慶子
Kikukawa Keiko

影書房

六ヶ所村　ふるさとを吹く風◆目次

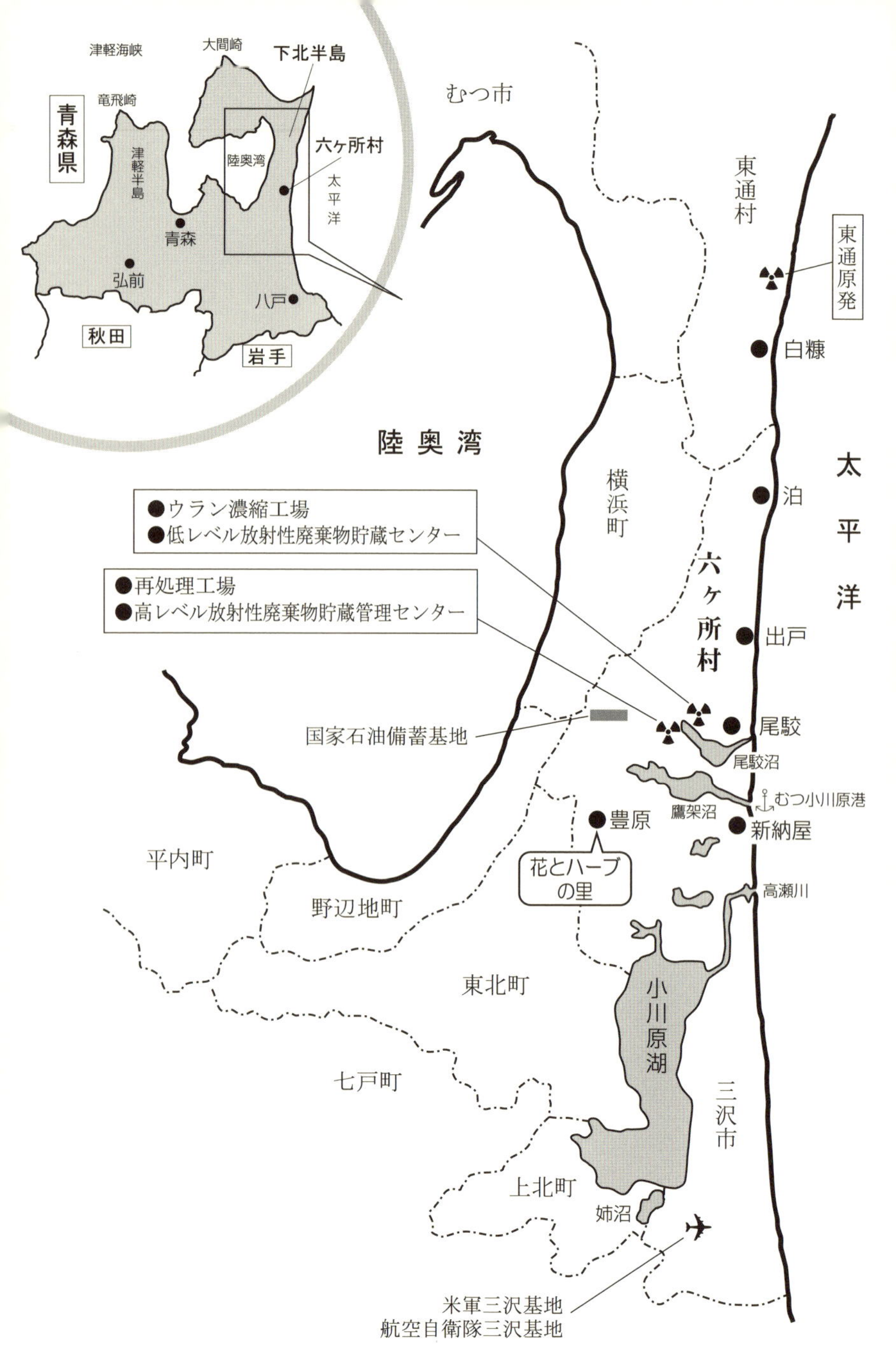

津軽海峡
大間崎
下北半島
竜飛崎
青森県
津軽半島
陸奥湾
六ヶ所村
太平洋
青森
弘前
八戸
秋田
岩手
むつ市
東通村
東通原発
白糠
陸奥湾
太平洋
横浜町
泊
六ヶ所村
●ウラン濃縮工場
●低レベル放射性廃棄物貯蔵センター
●再処理工場
●高レベル放射性廃棄物貯蔵管理センター
出戸
尾駮
国家石油備蓄基地
尾駮沼
むつ小川原港
鷹架沼
豊原
新納屋
花とハーブの里
平内町
高瀬川
野辺地町
東北町
小川原湖
七戸町
三沢市
上北町
姉沼
米軍三沢基地
航空自衛隊三沢基地

プロローグ

一九六四年の春、一五歳で六ヶ所村から集団就職で東京に出てきた私は、さまざまな曲折を経ながらも、結婚をし、夫と三人の子どもとのささやかな生活を千葉県松戸市で送っていました。田舎暮らしにあこがれ、岐阜のほうに土地を見つけて、移り住む準備をしていたころ、あのチェルノブイリ原子力発電所の事故が起きました。

一九八六年四月二六日、旧ソ連（現・ウクライナ）でチェルノブイリ原子力発電所の4号炉が炉心溶融（メルトダウン）して爆発し、放射性降下物が広範な地域を汚染したのです。事故の一週間後には日本にも放射能が降り、野菜や牛乳、お茶などが汚染されていたことがわかり、大きな問題になりました。

当時の生活クラブ生協発行の新聞『生活と自治』（一九八七年七月一日、第二一九号）では次のように報じています。

「昨年四月二十六日のチェルノブイリ原発事故後、五月四日頃からなんと日本においても大気、雨水、野菜、牛乳と、次々に放射能の異常値が観測され、汚染がしばらく続きました。幸いヨーロッパほど高濃度に汚染されなかったものの、日本中がチェルノブイリ事故で汚染されたことは事実です。

しかも、お茶の場合は、放射能汚染が始まった頃がちょうど一番茶の収穫時期にあたったため、まともに汚染の被害を受けたといえます。そのため、わたらい茶だけが汚染されたわけではなく、日本全体のお茶が汚染されています。

各地のお茶の汚染データによると、わたらい茶の産地である三重県よりもさらに汚染度が高い地域もあります。

日本では、これらの自覚と認識がほとんどなしに、放射能に汚染されたお茶が飲まれてきました。

しかし、生活クラブでは自主基準を定めて、生産者に直接責任はありませんが、あえて昨年産を供給ストップに踏み切りました。

生産者はいま、七トン以上の汚染された在庫を抱えて、その負担と処理に悩んでいます。生活クラブの組合員は、汚染された昨年茶を一年かけてほぼ飲んできました。

この決定に対して、『エゴイズムだ。生産者に責任がないのに生産者がかわいそう』、あるいは逆に『汚染されたものを飲まされた。なぜもっと早くストップできなかったのか』など、様ざまな意見の出ることが予想されます。

『生産者には七トンも在庫を抱えてしまった痛みがあります。組合員には汚染されたものを飲んでしまったという痛みがあります。まずこの事実をお互いに確認することです。今後も生産者と長くつき合う中で、一連の放射能問題、日本に三十三基もある原発の問題をどうとらえていくのか。痛みを分かち合いながら、この事実を今後の議論の材料にしていきたいです。（後略）』（椎名公三・生活クラブ連合事業部開発事業室長）」

チェルノブイリから八〇〇〇キロ離れた日本にも一週間で放射能が到達したこと、無農薬で栽培した野菜には特に放射能が付着しやすいこと、放射能の半減期の長さ、放射能は特に幼児に深刻な健康被害をもたらすこと、原子力はまだ科学的に完全に制御できず、封じ込める容器もないこと――。

本を読み、学習会に足を運び、勉強すればするほど、その恐ろしさがわかってきました。チェルノブイリで死んでいく子どもたちが、私の子どもたちに重なって見えました。日本の原子力発電と、故郷の六ヶ所村に誘致された核燃料サイクル施設の意味も、ようやくわかったのです。

故郷がチェルノブイリのようになってほしくない――この事故が、私に帰郷の決意を促しました。

人付き合いの苦手な私が、核燃反対運動の先頭に立つなど、考えられないことでした。団体行動も嫌いで、子どもたちの学校のＰＴＡ活動にはしぶしぶ参加するくらい。比較的楽にできる都会の市民運動にさえ関わっていなかったのですから、はじめて機動隊と対峙したときには足がふるえました。運動を始めて二十年たったいまでも、活動家と呼ばれることには抵抗があります。

そんな私が、なぜ核燃反対運動に関わるようになったのか、なぜ続けてこられたのか、自分でも不思議になります。続けてきて良かったのかどうかさえ、いまでも迷いがあるのですから。

何度も「もうやめよう」と思いました。でも、子どものころに遊んだ六ヶ所村の山や川は、私の心の中の大切な原風景です。村を離れて街で暮らしていた間も、思いはいつもそこへ帰って行きました。

いうまでもないことですが、六ヶ所村にも子どもたちがいて、ごく普通の生活があり、豊かな海や大地があります。六ヶ所村は決して「放射能のゴミ捨て場」ではないのです。都会で使う電気のために、なぜこの村が犠牲にならなければならないのでしょう。

守りたいふるさと。かけがえのないふるさと。それは世界中、どの国で育った人でも、誰もがみんなもっている思いなのではないでしょうか。たまたま私の場合は、そのふるさとが六ヶ所村だったにすぎません。

かけがえのないふるさとを放射能で汚染されたくない。この地でいつまでも普通の生活を送りたい。逃げ出そうとするたびに自分の中にあるその気持ちに気づき、最後まで六ヶ所村を見届けようと思うのです。

＊

国のエネルギー政策の重要な柱である核燃料サイクル計画、その要《かなめ》となる使用済み核燃料再処理工場の本格操業を目前にして、この先どうなっていくのか、六ヶ所村はいま予断を許さない状況です。ＩＴＥＲ《イーター》（国際熱核融合実験炉）の研究所もこの春（二〇一〇年）から六ヶ所村で動き出します。

電気を使う日本中の人々にこの本を読んでいただき、六ヶ所村と、未来に残る核のゴミの問題を、ともに考えていただけたら幸いです。

I

ふるさと六ヶ所村／離郷

六ヶ所という村

本州の最北端、青森県北東部、まさかりの形をした下北半島の付け根部分の太平洋側に、私の住む六ヶ所村はあります。人口約一万九〇〇〇人（二〇〇九年度統計）。

六ヶ所村という村名の由来は、一八八九年、明治の町村制施行まで遡ります。出戸《でと》、鷹架《たかほこ》、平沼《ひらぬま》、尾駮《おぶち》、倉内《くらうち》、泊《とまり》の六つの集落が集まって六ヶ所村となりました。

村には小川原湖《おがわらこ》をはじめ大小の湖沼が並び、縄文時代の海進期にはその辺りが海であったことが推測されるそうです。

縄文時代の遺跡も多く、国の重要文化財に指定された土器なども数多く発掘され、当事の人たちの文化の高さがしのばれます。尾駮沼のすぐ北隣にある富ノ沢遺跡などは、あの三内丸山遺跡に匹敵するほどの大規模な縄文集落跡として注目を集めました。

こうした遺跡の多くは、一九七〇年代以降の大規模開発にあわせて発掘・調査が進みました。そしていま、調査の終わった遺跡の多くは埋め戻され、核燃料サイクル基地の下で、再び永い眠りについていています。

豊かな自然環境、山海の幸に恵まれた六ヶ所村では、人々は主に農業と漁業で暮らしを立ててきました。いまでも村の基幹産業は第一次産業です。

六ヶ所村の近海は、魚介類の宝庫です。この辺りの水域で暖流と寒流がちょうど交わることから、豊富な水産資源に恵まれ、好漁場となっているのです。昔からスルメイカや鰯、サケ、ウニ、アワビ、昆布やわかめなどの漁で賑わってきました。

また、この地は強いヤマセ（北東または東から吹く冷たい季節風）の影響を受けてしばしば冷害に見舞われ、かつては飢渇《けがつ》や身売りなどの悲しい歴史を背負った東北地方の貧しい寒村の一つでもありました。そうした背景から、村では戦後、ジャガイモなどの冷害に強い作物の栽培に取り組んできました。気候や土壌が根菜類の栽培に適していることから、現在では特産品の長芋やごぼう、大根、にんじんなどが生産されています。畜産もさかんで、牧場や牧草地が広がる風景は、よく北海道のようだと形容されます。

いまでこそ広大な農地が広がっていますが、村のほとんどの土地はかつては原野で、農耕地はわずかしかなく、平坦地は牛馬の放牧地に利用されていたそうです。

戦前から開拓者が入り、一九四五年の敗戦後には、「外地」からの引揚者や村内外の人たちが入植し、必死の思いで森林や荒地を開拓して、農地を広げていきました。私の祖父や両親も、そんな開拓者の一員でした。

「巨大開発」の歴史

戦後の物資が窮乏するなか、漁業や農業などで貧しいながらも助けあって生きてきた村に「開発」の話がおりてきたのは一九六九年、政府が「新全国総合開発計画」(新全総)*を閣議決定してからでした。この「新全総」のなかに、「小川原工業港の建設等の総合的な産業基盤の整備により、陸奥湾、小川原湖周辺ならびに八戸、久慈一帯に巨大臨海コンビナートの形成を図る」とする下北半島の「開発」計画が盛り込まれたのです。

開発区域は、二万三千ヘクタール(日本工業立地センター報告書)を想定。三沢市なども含む太平洋岸から陸奥湾沿岸、下北半島の東岸・西岸のほぼ全域を巻き込む超巨大開発計画でした。石油精製、石油化学、製鉄などの基幹型産業を立地し、大規模工業基地にしようという、国・青森県と経団連傘下のトップ企業が組んだこの国家プロジェクトは、以後、「むつ小川原開発」として推進されます。

開発計画の中には、製鉄に原子力エネルギーを使うなど「原子力コンビナート」の構想もありました。六ヶ所村の北側に隣接する東通村に二〇基もの原発をつくり、下北半島を茨城県東海村

*新全国総合開発計画(新全総)＝高度経済成長を背景に「国土利用の抜本的再編成」を図り、「開発可能性を全国に拡大し」ようという国の計画。「遠隔地」に大規模工業基地を立地し、新幹線網や高速道路網、フェリー網を全国にはりめぐらして大都市と結び、「効率的な産業開発」を進めようというもの。1969年5月30日、佐藤榮作内閣で閣議決定。(経済企画庁「新全国総合開発計画」1969、参照)

に代わる「第二原子力センター」にしようというのです。

七一年には、開発主体となる半官半民の「むつ小川原開発株式会社」や、県が出資する「財団法人・青森県むつ小川原開発公社」などが相次いで設立され、開発用地の買収、造成、分譲が進められていきました。

実は「新全総」の閣議決定前から、この地域の地価はつり上がっていきます。「開発」が具体的な姿を見せる前に、正体不明の土地ブームが起きていたのです。とくに三井不動産系の内外不動産は、地元の不動産業者を通じて土地の買い占めを行ない、農地法違反などの問題をひき起こしていました。「新全総」発表後はさらに地価は急騰し、得体の知れないブローカーなども村に入り込み、村内の土地はたくみに買い占められていきます。

こうして買収された土地を、三井不動産の社長らも設立発起人をつとめる、先述の官民出資の「むつ小川原開発株式会社」が購入することになるのです。

「農民から坪四〇円で買った土地が、坪二〇〇〇円にも三〇〇〇円にもはね上がっている」と、当時（七一年二月）国会の予算委員会でも追及されています。（詳しくは鎌田慧著『六ヶ所村の記録』講談社文庫、参照）

貧しい村のこと、借金にあえぐ村人のなかには、泣く泣く農地を手放したり、「開発が来れば会社勤めができて給料がもらえる、そうすれば生活も安定して出稼ぎに行かなくてもすむ、家や車も買えるようになる」などという話にのせられて、土地を売る人々もでてきました。

ですが、住民の多くは、はじめは激しく反発します。苦労して開いた土地を手放したくない開拓農民や、試行錯誤を繰り返しようやく軌道に乗り始めた酪農を続けたいと願う酪農家、豊かな海の漁業権を手放したくない漁民たちなど、多くの住民が「開発反対」の声をあげたのです。また、公害が広く社会問題化していた時代背景もあり、「公害反対」という側面もありました。

しかしながらそういった声は、開発推進側の圧倒的な「札束攻勢」によって急速に切り崩されていきます。推進派、反対派で村は二分され、対立は村に大きな亀裂を生み、人間関係に癒しがたい傷痕を残しました。

一方、開発計画そのものは、七三年のドル・ショック（変動為替相場制への移行）、七三年と七五年の二次にわたるオイル・ショック等の影響で企業が投資意欲を失い、開発規模も区域も徐々に縮小されていきます。最終的に開発面積は、当初の二万三千ヘクタールから、六ヶ所村を中心とする五五〇〇ヘクタールへと、約四分の一に縮小されます。

開発地区の一角に、五一基の巨大なタンクが立ち並ぶ「国家石油備蓄基地」が誘致されましたが（一九七九年着工、一九八五年完成）、結局その他の企業はいっさい進出することなく、もちろん地元の雇用も創出されず、買収されたまま利用されない広大な土地が残されたのです。（二〇〇〇年、「むつ小川原開発株式会社」は経営破たんして清算され、新会社「新むつ小川原株式会社」に事業が引き継がれています。）

「原子力半島」へ

一九八四年、電事連（電気事業連合会）は「むつ小川原核燃料サイクル基地建設構想」を発表します。利用するあてのない六ヶ所村の広大な空き地に、核燃料サイクル＊基地を、というのです。「むつ小川原開発」が頓挫し、青森県や六ヶ所村は、生き延びる方策としてこの基地の受け入れを決めました。

これは一見仕方がなかったようにも見えます。しかし本当にそうなのでしょうか。

一九六九年五月に「新全国総合開発計画」が閣議了解され、「むつ小川原開発」が始動する以前に、下北半島を原子力半島にしようとする青写真はすでに描かれていました。

一九六八年九月に、東北経済連合会は「下北半島にウラン濃縮、核燃料加工・再処理施設、高速増殖炉などの建設構想」を策定しています。

一九六九年三月には、青森県から調査の委託を受けた日本工業立地センター（通産省の外郭団体）の報告書が出されます。その中でも、むつ小川原湖地域は「わが国で初めての原子力船母

＊核燃料サイクル＝原発から出る使用済み核燃料を再処理工場で再処理してプルトニウムやウランを取り出し、核燃料として再利用、取り出したプルトニウムをさらに「増殖」させ、これをまた再処理、再利用しようという、核廃棄物のリサイクル計画。再処理の過程で、再処理工場からは多量の放射性物質が海と空に排出されるため、周辺住民や工場労働者の被ばく、農産物や海産物等食料の放射能汚染の危険が心配される。経済性の面、高レベル放射性廃棄物の処理問題等でも多くの問題を抱えている。

港の建設を契機とし原子力産業のメッカになり得るべき条件を持って」おり、「当地域は原子力発電所の立地因子として重要なファクターである地盤および低人口地帯という条件を満足させる地点をもち、大規模発電施設、核燃料の濃縮、成型加工、再処理等の一連の原子力産業地帯として十分な敷地の余力がある」（「東奥日報」〈Ｗｅｂ東奥〉「巨大開発30年の決算―検証・むつ小川原　第4部・核燃料サイクル（4）復活した原子力」より）とされています。「核燃料の濃縮、成型加工、再処理」とは、つまり「核燃料サイクル」にほかなりません。

ところが、一九七〇年一〇月に青森県が「むつ小川原開発」の「基本構想」を発表したときには、「原子力」の文字はなぜか消えていました。

ルポライターの鎌田慧さんは、著書『六ヶ所村の記録』（講談社文庫）の「あとがき」で、このあたりの事情を次のように表現されています。

「あきらかにしたかった問題のひとつは、核然サイクルの建設の野望は、八四年にはじまったのではなく、六九年当時の開発計画にすでにあった、という事実である。

しかし、どうしたことか、『核然』はその後まもなく、あたかも出番をまちがえたかのようにあわてて姿を消した。そして密かに闇の底に沈潜して腐蝕の時を待ち、一五年を閲《けみ》してようやくくっきりとした相貌をもってたちあらわれたのである。」

六九年にすでにあった核燃サイクルの計画が、なぜ一度「沈潜」して、八四年に再び姿を現わしたのか。「沈潜」させたのは当事の青森県知事（竹内俊吉氏）だそうですが、その理由は想像するしかありません。「むつ小川原開発」は、再処理工場建設用地を取得するための壮大な芝居に過ぎなかった、という意見もあります。下北半島が原子力半島化してきた歴史を見ると、その見方も決して的はずれとはいえないように思えるのです。

その歴史をざっと振りかえると、まずは一九六七年にむつ市の大湊港《おおみなと》が、原子力船「むつ」の母港となり、「むつ」が放射能漏れ事故を起こした後には、同市関根浜港が新母港となります。原子力船「むつ」は九三年に使用済み核燃料が取り出された後、解体されて原子炉室が取り出され、関根浜港につくられた「むつ科学技術館」に保管・展示されています。またむつ市には、使用済み核燃料の中間貯蔵施設も新たに計画されています。

六ヶ所村の北隣の東通《ひがしどおり》村には、二〇〇五年に東通原発が運転を開始しました。今後さらに三基の原発建設が予定されています。

下北半島最北端の大間《おおま》町には、ＭＯＸ燃料（プルトニウムとウランの混合燃料）専用の原子炉が計画され、〇八年に着工、二〇一四年に運転を開始するとされています。

そして、わが六ヶ所村では――。

六ヶ所村のいま

六ヶ所村はいま、名実ともに「核燃城下町」になっています。核燃関連の交付金などのおかげで、日本一「豊かな」村でもあります。電力会社の出向社員や核燃サイクル施設の事業主・日本原燃（株）の雇用で世帯数は増えましたが、人口はこの三十数年、横這い状態です。前から住んでいる村民は少しずつ減っているのでしょう。

六ヶ所村核燃サイクル基地内には現在、ウラン濃縮工場（一九八八年着工・九二年操業開始）、低レベル放射性廃棄物埋設センター（九〇年着工・九二年埋設開始）、高レベル放射性廃棄物貯蔵管理センター（九二年着工・九五年運転開始）、使用済み核燃料再処理工場（九三年着工・二〇一〇年本格操業開始予定）があります。さらにMOX燃料加工工場が加わろうとしています（二〇一〇年一〇月着工予定）。

このうち再処理工場は、約二兆二千億円という莫大な予算を費やして建設されましたが、本格運転前のアクティブ試験の段階でトラブル（日本原燃は「不適合」という言い方をしますが）が続発して、現時点（二〇一〇年七月現在）では稼動できない状態に陥っています。

また村には、ITER《イーター》（国際熱核融合炉実験炉）の研究施設や、（財）環境科学研究所など、核燃以外の大きな施設もつくられて、村の中心部は驚くほど都会化されてきました。土の匂いを知らない若い世代や、その子どもたちも多くなりました。放射能の怖さなど知らない、核燃がそこにあることをただ当たり前だと思う若者が、六ヶ所村には多くなってきたのです。

これからこの村はどうなるのでしょう。昔、生活を守るために闘ったおじいちゃんやおばあちゃんがいたことを、そのおじいちゃんやおばあちゃんがいまもひっそりと暮らしながら放射能汚染を心配していることを、この世代にどう伝えていけばいいのか、私は思いあぐねています。

核燃反対運動をしている「三陸の海を放射能から守る岩手の会」では、環境科学技術研究所の報告書（〇八年度版）を、青森県立図書館に岩手から出向いて閲覧し、数値などを確認しました。

それによると、六ヶ所村の尾駮《おぶち》沼の放射能濃度が、二〇〇六〜〇八年の三年間で急上昇していることが明らかとなりました。〇六年から始まった再処理工場のアクティブ試験前と比較して、ヨウ素129（*二二八頁参照）の濃度が、水草、魚、エビ、貝、プランクトン、藻類などの水生生物で、軒並み一六倍〜八三倍へと急激に増大していたのです。特にプランクトン、藻類が大きな値になっています。（三陸の海を放射能から守る岩手の会発行「天恵の海」第七九号、〇九年一一月より）

再処理工場では、使用済み核燃料からプルトニウムやウランを分離・回収するために、核燃料棒を細かく切り刻んで高濃度の硝酸液で溶かします。核燃料棒の中には、核分裂によって生じた核分裂生成物（＝「死の灰」）が含まれますが、プルトニウムやウランを回収したあとに残る多量の「死の灰」を含む高温・高レベルの放射性廃液は、ガラス固化され、一定の冷却期間を経て最終的には地中深くに埋め棄てされることになっています。

この再処理の工程で生じる放射性物質（クリプトン85やヨウ素129、トリチウム、炭素14など）は、完全に閉じ込めることができず、環境中に排出するように設計されているのです。放射性廃液は、沖合三キロ、水深四四メートルの地点にある放出口から太平洋に捨てられ、放射性廃ガスは、高さ一五〇メートルの煙突（主排気塔）から、大気中にばらまかれます。

再処理工場の敷地は尾駮沼に面していますので、「岩手の会」が指摘した尾駮沼のヨウ素12

9の数値上昇は、主排気筒からの廃ガスが降下して尾駮沼の水に溶けたか、あるいは三キロ沖合で放出された廃液が、汽水湖である尾駮沼に入り込んで来た可能性が考えられます。

再処理工場はまだ本格操業を開始していませんが、高レベル廃液や使用済み核燃料は、ただそこに置いてあるだけでも絶え間ない管理を必要とします。そして管理する要員は専門教育を受けていない下請けの協力会社から派遣され、彼らは常に被ばくする危険性があるのです。

またそこに働いていなくても、この地域に住んでいるかぎり、微量ではあるけれど空から常に降り注ぐ放射能から逃れるすべはありません。

私は無農薬野菜を育て、その野菜を子どもたちに届けています。子どもや孫たちに自分で作る安全なおいしい野菜を食べてもらいたいと思うからです。でもそれをいつまで続けていいのか、迷ってしまいます。いまはまだ安全でしょう。まだ大丈夫。来年もこの様子だとまだ大丈夫。でもその先は？

原子力発電所の周辺に住む住民はいつもそんな思いで生活しているのでしょう。ましてや再処理工場は「百万キロワット級原子力発電所一基が一年で出す放射能を、一日で出す」といわれているのです。これは言い換えれば、六ヶ所村に三六五基の原子力発電所が集中立地しているのと同じ汚染度ということになります。

国策の名の下に、村はこれからも〝発展〟していくでしょう。でもその繁栄はいつも危険との隣り合わせです。豊かな大地、無垢の海に恵まれていた六ヶ所村。ここで採れたものがいつかは食べられなくなるなどと考えたくない。そんな状況になるかもしれないことがくやしいけれど、避けることができないようにも思えるのです。

幼少時代の六ヶ所村

私の住む「豊原《とよはら》」という地区は、現在戸数十一戸の小さな集落で、戦後、開拓によって開かれた地域です。

開拓時代の豊原では雪が消えると、大人たちは冬の間に木を切り倒した高台の原野に行き、一鍬《くわ》一鍬掘り起こして畝《うね》を切り、大豆を蒔《ま》きます。比較的風の当たらない低地の沢筋には、手作りの粗末な家が建ち並んで、厳しい冬に備えていました。

手伝いのできない小さな子どもたちは、一日中集落の中で遊んでいます。大きい子どもたちは弟妹のお守りもしなければなりません。三つ違いの姉は、友だちと遊ぶのに邪魔になると、よく私を置き去りにしたようです。

「ねっちゃんが置いてったー」と、部落中に響く声で泣きわめきながら畑に来たと、母はよくおかしそうに話していました。

開拓部落ではもちろん幼稚園などはなかったので、遊び仲間でもあった姉が小学校へ上がると、私もついていったそうです。もの覚えが良かったようで、学校へ上がる前に姉が母から字を教えてもらっていると、そばで聞いている私の方が先に覚えてしまったと、大きくなってから母が笑いながら話していました。手に入った本は教科書でも雑誌でもすぐに夢中で読む、本さえあれば幸せな子どもだったのです。

低学年時代はガキ大将で、いつでも仲間たちと野山をかけまわっていたのを覚えています。学校に行くようになると、私は部落の子どもたちを集めてままごとや陣取り、山賊ごっこ、ターザンごっこなど、考えられるあらゆる遊びを楽しみました。遊びのストーリーやルールを決め、役割を決めるのはいつも私です。いま思えばこわいもの知らずのお山の大将だった幸せな黄金時代でした。

六ヶ所村に帰って反対運動を始めたころ、「子どもの時と同じことをやっているんだね」と姉にいわれて絶句したことがあります。確かにみんなを集めて県警機動隊を出し抜くためのルールを決め、アクションを指示し、と子どものころと規模こそ違え、似たようなことをやっていたのですが……。

小学校・中学校合同の本校は、四キロ離れた大きな開拓集落の千歳《ちとせ》にありました。千歳には雑貨屋二軒と郵便局の支所、農協もあり、いつでも二、三台の馬車が停まって賑わっていた記憶があります。

私たちの集落の豊原分校には教室が二つあり、一、二、三年と、四、五、六年がそれぞれの教室に分かれ、一人の先生がこの二つの教室を行き来して、学年の違う子どもたちを掛け持ちで教えていました。私が一年生になったときは、岡本先生がご夫婦で教員住宅に住み込んでいたのを覚えています。都会のにおいのする若い教師夫妻は部落の大人たちとは違うまぶしい存在でした。

学校併設の教員住宅には風呂もあり、週一回は子どもたちも入っていたようです。シラミ退治も先生の大事な役目で、私たちはいまから思うと信じられないような汚い子どもたちだったのです。分校は高台にあったので、深い井戸から水を汲み風呂桶を満たして薪でお湯を沸かすのも、大変な重労働だったのですが、先生と一緒に大きい生徒たちがしていたようです。


冬になると登下校時は年長の子どもが先頭で雪を踏んで道を作り、小さい子どもは大きい子どもたちにしがみつくようにして学校に通いました。吹雪のときなど、踏み固めるそばから雪が足跡を埋めていきます。小さい子どもだった私は、胸まで沈む雪の中で動けなくなり、寒さで両手が痛くて泣き出してしまったことがあります。前を歩いていた姉が吹雪に背中を向け、自分の懐に私の両手を入れて暖めてから学校に連れて行ってくれた、かすかな記憶があります。

外に出られないような悪天候になると、教室は体育館に早変わりします。鬼ごっこや陣取り、花一匁《はないちもんめ》、馬乗りなど、先生の指導でみんな教室の中じゅう、駆け回って遊びました。雪が堅くなるとソリを引っ張って急斜面の頂上に登り、みんなでソリ滑りをしました。祖父が作った木製のソリは重かったけれど、よく滑りました。急斜面の上から風を切って滑る爽快な気分はいまも忘れられません。

夏、分校の周りには野芝が生えて、日が落ちるころ、急斜面をごろごろ転げ落ちるのが大好きでした。芝地にはオキナグサやナデシコ、アズマギク、センフリ、ネジバナなどが咲き、ターザンごっこをしていないときは、その花を摘んでままごとをしたり、冠を作ったりしたことを覚えています。

家のすぐ前の谷地《やち》には、祖父や両親が田んぼを作っていました。谷地の始まるところには泉が湧いていました。冷たい湧き水が田んぼの畦《あぜ》に入ると、やがて日向《ひなた》のぬくもりを受けて暖かい小川になります。

水辺には芹《せり》が生え、スミレが咲き、オタマジャクシが泳ぎ始めます。トンボのヤゴやミズスマシ、アメンボなど不思議な生き物がいっぱいいて、いつまでいてもあきません。田んぼの縁には大きな木があって、初夏になると赤くて甘い実が生り、子どもたちのおやつになります。大きな桑の木もあり、木登りをして黒い実を食べると、指や口の周りが真っ黒に染まってしまったものです。

盛夏になると、川辺にホタルブクロの花が咲き、田んぼには蛍が群れます。この谷地は、私たち子どもの大切な秘密基地でした。

お盆には、分校の庭で盆踊りが始まります。このときだけはみんな畑仕事を休み、櫓《やぐら》を組んでドラム缶の太鼓をたたき、蓄音器で盆踊りのレコードをかけて楽しむのです。集落のみんなが集まって踊り、歌っていました。歌のうまい人、踊りの上手な人はいつも決まっていました。

私たち子どもの踊りの先生は、本校に通う中学校のお姉さんたちです。夜が更けて盆踊りが終わると、月明かりの中で影踏みをしながら家に帰りました。冬の学芸会と夏の盆踊りは、そのころ、集落のみんなの楽しいお祭りだったのです。

開拓時代の話

祖父は百石《ももいし》（現・青森県上北郡おいらせ町）の網元の家に生まれたそうです。兵役を逃れて樺太《からふと》（現・サハリン）に渡り、森林警備員をしていたと聞きました。お茶の先生をしていた祖母と出会い、祖母の籍に入り、私の父と叔父二人の子どもを育てたようです。

六ヶ所村の開拓に入った当時、家族は祖父と両親、三つ年上の姉と私でした。後に三つ下の妹、八歳下の弟が生まれ、次に生まれた弟は生後一月ほどで亡くなりました。泣きながら遺体を抱いていた若い母をいまも思い出します。

白いひげを生やし頭がはげていた祖父は、お酒とタバコが大好きでした。ずいぶんかわいがってもらったのを覚えています。炉端に座る祖父のあぐらに抱かれて、昔話を話してもらうのが好きでした。祖父がキセルでふかしていたタバコのにおいを懐かしく思い出します。

私の両親は、まだ日本の領土だったころの樺太の豊原《とよはら》（ロシア名・ユジノサハリンスク）で生まれ育ちました。日本の敗戦で、この豊原から引き揚げてきた人びとが六ヶ所村に入植し、開墾した原野が、この場所でした。六ヶ所村の「豊原」の地名はこれに由来します。

父は、子どものころクル病にかかり、背中がコブ状に曲がっていたため軍隊にとられることもなく、戦時中は新聞社で植字工をしていました。母は若いころ肋膜《ろくまく》を患っていたようです。二人とも町育ちで小柄なうえ病弱でしたから、本来なら引き揚げ後の過酷な開拓生活に耐えられる体ではなかったのです。

樺太の豊原市で結婚し、終戦になってから姉が生まれたこと、母がソ連軍の将校の家に手伝いに行き生活していたこと、引き揚げ船の中で一歳の姉が麻疹《はしか》にかかって危篤になったことなど、祖父や両親が話してくれたことを思い出します。引き揚げ者のための寮が三本木（現・青森県十和田市）にあり、私はそこで一九四八年に生まれました。

六ヶ所村の土地を開墾するために、三本木から列車に乗り、有戸《ありと》駅（野辺地町、下北半島の付け根の陸奥湾側）で降りて、五歳の姉の手を引き、二歳の私をおぶって、十数キロの山道を徒歩で豊原に通ったころ、母が途中の谷川のそばで、「ねえ、死んでしまおうか」とつぶやいたこと、そして、「死ぐのイヤダー」と姉が泣いたことを、大人になってから姉が話してくれました。「あのときは本当に怖かった」と笑いながら。

その後の掘っ建て小屋暮らしでも、冬に薪がなくなることもあり、母が馬そりで山に薪を取りに行って夕方帰ってくると、お腹をすかした姉と私が囲炉裏端《いろりばた》に座り、箸で茶碗をたたきながら、「かあさん、早く帰ってこーい、かあさん、早く帰ってこーい」と歌っていて、かわいそうだったと、後年、母は何度も話してくれました。

厳しい開拓生活で体力の限界まで働き、金銭的にも追いつめられて、次第に両親は人間らしさを失っていったようです。「むつ小川原開発」で土地が高値で売れたおかげで、ようやくゆとりを取り戻すことができたのです。

ですが、それまでに耐えてきた貧乏暮らしは、両親の体にも心にも大きな傷跡を残しました。

開拓時代の半ば、一九六〇年代ごろまでは、祖父や両親はよく樺太の話をしました。そして、「戦後にロシアの兵隊が攻めてきて、家ごと財産を焼かれた。あの戦争さえなかったら、いまこんな苦労をしていなかったのに」と話すのです。

小学校高学年になっていた私は、分校の図書館で峠三吉の『原爆詩集』を読み、そのほかにも戦時中命をかけて戦争反対の活動をしていた人々の本を読んでいました。ですから、その

姉と訪れたユジノサハンリンスク（2010年７月）。後ろの建物は日本統治時代の旧樺太庁博物館で、現在はサハリン州郷土博物館として使われている。

とき大人だった両親は、どうして戦争を止めるために何もしなかったのだろう、と思いました。戦争の責任はその時代に生きた大人にある。その義務を果たさないで、被害者としての意識ばかりをもつのはなんだか違うのではないか、と思ったものです。

開拓のはじめの数年、男の人たちは、冬場は炭焼きをして現金収入にしていたようです。深い雪の中を山に入って炭焼き窯を作り、何日も泊まり込んで炭焼きをします。炭焼きが終わると木炭を俵に詰め込み、馬そりに積んで遠い町まで売りに行くのです。私が一人で山に遊びに行くようになったころにも、その炭焼き窯の跡が部落の近くの山にいくつも残っていました。

炭を焼く木を切りつくしてその仕事も終わってからは、農作業が終わると男の人たちは出稼ぎに行くようになりました。豊原は標高八〇メートルの高台にあるので寒くて田んぼはできず、お米は買わなければなりません。雑穀や大豆、ジャガイモなどが主な換金作物でしたが、それだけでは生活できないので、借金はたまっていくばかりです。お米ばかりか、種や肥料を買うためにも出稼ぎの現金収入は欠かせなかったのです。

冬になると道は雪に覆われて歩けなくなり、わずかに馬そりの通った道が轍《わだち》になってデコボコに凍り付きます。留守の家庭を預かる女の人たちはその雪を踏みしめて、重いお米や魚などを背負って帰ってきたようです。

長い冬の間も、針仕事をし、編み物をし、布団《ふとん》を作りと、女たちの仕事は絶え間なくあります。

でも開墾作業のない冬は、大人も体を休められる貴重なときでした。布団に綿を入れる手伝いや、古いセーターからほどいた毛糸を腕に巻き付ける手伝い、針仕事の針に糸を通す手伝いなど、子どもたちもいろいろな仕事をしたものです。

私が一番嫌いだったのは、昼食のジャガイモの皮をむく仕事でした。ジャガイモの塩ゆでとタクアンがいつもの昼食で、家族みんなが食べるジャガイモの数は信じられないくらい多くて、いつも腕が痛くなったからです。

洗濯も母にとって重労働のひとつでした。雪が積もった井戸からつるべで水をくみ上げ、薪ストーブに鍋をかけてお湯を沸かし、大きなタライにお湯を張って、洗濯物を石けんでごしごしこすらなければなりません。それが終わると井戸から次々に水をくみ出し、凍らないうちにすすいで固く絞ってから外の物干しにかけていきます。干して広げる間にも洗濯物はパリパリと凍りつきます。夕方家の中にとりこむときも干した形のまま凍っていて、家の中は凍った服でいっぱいになったものです。

針仕事や編み物をしながら、機嫌がいいとき、母は歌を歌い出します。「菜の花畑に～」とか「狭霧消ゆる湊江の～」などという唱歌や、霧島一郎、東海林太郎など、いまはナツメロといわれる昭和初期の歌謡曲、軍歌などです。そのころはラジオもなかったので、母の歌を聞いていろいろな歌を覚えました。母の歌声と幸せな気分は、いまも私の中で固く結びついています。

家の手伝いが終わると近所の仲間と集まり、カルタや百人一首、双六《すごろく》、おはじきなどをして楽しむ時間でした。家は掘っ建て小屋同然でしたから、すきま風や雪が容赦なく吹き込んで来ます。真冬には妹と寝ている布団の上に、いつも雪が積もっていました。

正月になると、子どもたちは大きな荷物を背負って帰る父親を待ちわびていました。荷物の中には子どもたちへのお土産がたくさん入っています。雑誌やカルタ、バナナ、ミカン、雷オコシなど。

一〇歳ぐらいの時、父から濃い青のワンピースをもらったことがあります。いつも姉のお下がりをもらうか、母の手作りのセーターしか着ていなかった私は、新品のワンピースを買ってもらうのは初めてです。とてもうれしかったのですが、母は「また無駄遣いをした」と父をなじっています。初めて新品の洋服を買ってもらって幸せな気分でいたのに、一転して両親のけんかが始まり、小さかった私はただどうしようもなく、そんな両親をみつめるばかり。大きくなるにつれて父や母、祖父のけんかが増え、家の中はだんだん暗い雰囲気に包まれるようになりました。

勝ち気な母は、それまで人の住まなかった原生林を切り開くという過酷な開拓生活でいつも疲れていら立ち、気の弱い父や祖父との間でけんかが絶えませんでした。町で生まれ育った父と母は二人とも小柄で、特に父は兵役も免除されるほどひ弱でした。

大きな鋸《のこぎり》で大木を切り倒して根っこを掘り、そのあとを重い鍬《くわ》で一鍬ずつおこして畝《うね》を作る。そうしてようやく種蒔きができます。それから何回もの草取りをして、運が良ければ収穫ができるのです。朝早くから夜遅くまで働くその苦労は、耐えがたかったに違いありません。

北国では、夏の間は午前三時ごろになると空が白み、明るくなる前に大人はみんな弁当を持ち、夜まで畑に出て働いています。小学校時代の夏休みには、朝、目が覚めるといつも家の中はしーんとして、大人がいないのがわかりました。起きてストーブの火をおこし、弟や妹の食事のしたくをするのが私の日課です。夕方には遊びから帰って夕食のしたくをします。お米は貴重ですから、大根を刻んで入れたり小豆を入れたりして増やしました。遊びながらとったワラビやウド、アザミなどもおいしいおかずになります。

父が出稼ぎに行く冬の間、家の中に争いはなくなりますが、農作業が始まる春になるとまた帰ってきて、大人たちのけんかが始まります。小学校高学年のころから、私は悪夢を見るようになりました。黒い渦巻きが何度も繰り返して部屋一杯になり、その中でけんかをする父や母、祖父がいるのです。何度も何度も、息の詰まりそうなその夢を見てうなされました。


小学校高学年になると友だちもみんな大きくなり、家の仕事を手伝わなければならないので遊ぶ時間もなくなっていきました。

中学校に入っても成績はトップでしたが、自意識過剰だった私は、級友とのつきあいもうまくできず、憂鬱な毎日を過ごしていました。人の前で話そうとすると顔が赤くなり、どうしても話せません。話すときには、いつも話したいことを頭の中で組み立ててからでないと、うまくできないのです。

分校と違い同級生も増えて、どうつきあえばいいのかとまどうこともありました。生徒会の役員をしていたので、嫌いな家庭科と習字の時間には、生徒会の仕事をして授業を受けないようにするずるいやり方をしたこともあります。

図書室に入りびたり、ありったけの本を借りては読みましたが、学校の図書館は蔵書があまりにも少なかったのが残念でした。

友だちとつきあうのは苦手でしたが、中学校へ通う片道一時間の山道を歩きながら、大声で歌を歌うのが楽しみでした。

三沢の親戚へ

そんなとき、三沢市で洋服店を営む親戚から、学校に通いながら店の手伝いをしてくれないか、という話がありました。その親戚には小学生の女の子が二人いて、奥さんの体が弱かったのです。争いの絶えない家から一刻も早く逃げ出したかった私は、すぐに承知しました。中学二年の夏か秋でした。通っていた千歳中学校では高校へ進学する子どもたちの補習授業も始まっており、私は成績は良かったのですが、進学など思いもよらない家庭環境だったので、学校からも逃げ出したかったのです。

三沢第一中学校へ転校し、お店を手伝いながら学校へ通う生活が始まりました。町の暮らしは開拓部落とまったく違う生活です。一人で寝る布団。恥ずかしいことですが、シーツもそれまで使ったことがなかったのです。

中学校の規模も大きく、授業の科目ごとに教室が変わったりします。同級生の話す言葉まで大人びていて圧倒される思いでした。

田舎から来た私はいかにも哀れに見えたのでしょう。体操の授業には体操服がいるのだと知って途方に暮れていた私に、一人の同級生が、「もう小さくなっていらないから」とそっと古い体操服を渡してくれました。新しい体操服など買えなかった私は、その優しい気配りがうれしくて、素直に感謝して使わせてもらったものです。

朝と正午、夕方には市役所のスピーカーから「白鳥の湖」のチャイムが響きます。

家に帰ると食事のしたくは薪ストーブではなく、ガスで作るのです。三沢での生活は新鮮でした。掃除や洗濯、店番などをしていましたが、果たして役にたっていたのでしょうか。

たまに何時間かお休みをもらえたときには、市立図書館に行って本を借りてきました。

このお店にはあとから、名古屋へ集団就職していた姉も働きにきました。しかし親戚への甘えがあったためかうまくいかず、私の卒業を待たずにやめていきました。そして私も、中学卒業をきっかけに、東京へ集団就職をすることにしました。

お世話になった伯父さん、伯母さんには、いま思い返すと本当にご迷惑をかけて申し訳なかったと思います。

集団就職——東京へ

夜の三沢駅は、集団就職で東京へ向かう子どもたちと見送りの家族でごった返していましたが、私を見送ってくれる家族はなく、付き添いの教師に連れられて、私はさびしく青森を後にしました。まだ小さな弟や妹を抱え、開拓暮らしを送る母は、三沢まで出てくるゆとりもなかったのでしょう。父には保護者としての意識もなかったようです。私は家を出た日から独り立ちするしかなかったのです。まだ一五歳。本当に未熟な旅立ちでした。

夜汽車に乗り、翌朝はじめて上野駅へ。川崎のクリーニング会社の工場が、はじめての職場でした。高度成長期の幕開け、東京オリンピック（一九六四年）に向けて日本中が沸き立っていたころのことです。早朝、寮から工場へ通う道では、いつも高校生たちとすれ違います。女子高校生の制服姿がまぶしくみえ、少しうらやましかったものです。道ばたの木蓮《もくれん》や蔓《つる》バラも初めてみる花。駅前の商店街も行き交う人々も、何もかもが賑やかで心が浮き立ちます。

月に一度、土曜の夜は工場の大食堂のホールでダンスパーティが開かれ、いつも近寄りがたい先輩のお兄さんお姉さんたちが、華やかに社交ダンスを踊ります。先輩たちは二〇歳前後だったのでしょう。恋に目覚めるにはまだ少し早かった私にも、それはわくわくするような眺めでした。時々優しい先輩の一人か二人が、新入りの手をとって踊ってくれたものです。

日曜の朝は、よく一人で近くの多摩川へ行き河原を散歩しました。同期入社の寮の仲間には田舎から手紙や小包が頻繁に送られてきますが、私のところには母に出した手紙への返事さえ来ません。母も目前の生活に精一杯で、自立した子どものことは思いやるゆとりもなかったのでしょう。

働いたお金を実家に送金している仲間もいます。でも中学生の時から自活しているつもりの私は、送金など考えもしなかったのです。働いたお金は好きな本を買い、残りはこれからの勉強の費用にあてるつもりでした。それでも同僚の小包は肉親の愛情がこもっているようでうらやましく、送ってきた小包の中身を交換する同僚たちから離れ、私はひとり河原でハーモニカを吹いてさびしさを紛らわせていたのです。

工場で二カ月ほど働いていましたが、社長が私の学校での成績表を見てから、事務室の見習いをするように配置換えされました。事務室で数カ月働くうちに、私は工員のタイムカードが二重になっていることに気づきました。工員の入れ替わりはかなり激しかったし、先輩からも労働条件についての不満をいろいろ聞いていたので、自分と同じ年齢の子どもたちを、工場が法律を破って長時間働かせているのは許せず、考えたあげく、一人で労働基準監督署に話しに行きました。

労働基準監督署から係官が来て、初めてそのことを知った社長は激怒し、即座に私はクビになりました。無理もありません。そのときは正しいことをしているつもりでしたが、馬鹿なことをしたといまでは思います。同僚の工員が数時間余分に働かされたといっても、その分の賃金はきちんともらっていたのですから。屈折した正義感から出た、行きすぎた行為でした。

東京での暮らし

それからいろいろな仕事に就きました。長くて一年数カ月、短くて二〜三カ月、富士通の工場の流れ作業、書店の店員、レコード店の店員、町工場の工員もいくつか。生きていくためにどんな仕事でもやりましたが、あまりにも転々と職場を変えたので、いまではあまり覚えていません。

合間には、大学に入るための勉強をしていました。お金を貯めては仕事を辞め、図書館に通う生活。部屋代を払えず、姉のアパートに入れてもらったこともあります。アパートの部屋代を払うといつもぎりぎりで、食費がなくなることも珍しくない生活でした。何日か食べないでいると感覚が研ぎ澄まされてくることも、このときに知ったものです。

高度経済成長の時代でしたが、中卒で転職を繰り返す者の給料は安く、ただ生きていくだけという生活しかできないのですが、その給料をためて勉強する時間を作ろうというのですから、日々の生活は極端に出費を抑えるしかありません。衣類は買わない。食費も最低限で。当時は料理なども知らなかったので、節約しようにも高い食べ物は買わないと決めるしかなく、一〇円で大量

当時勤めていた会社の社員旅行で鬼怒川へ。（左端が著者。1970年10月）

に買える食パンのミミなどは、台所に常備する貴重な食糧でした。

余裕があるときには新宿の歌声喫茶《うたごえきっさ》に通いました。そのころは歌舞伎町に「ともしび」という歌声喫茶があり、若い労働者や学生で賑わっていたのです。

一八歳のころ、ここで早稲田大学理工学部のIという学生に出会いました。大学入学資格試験のうち、国語、歴史、英語などは独学でできますが、数学はまったく理解できず、苦心していたころ。「数学を教えてあげる」というIは、救いの神様のように思えたものです。

週に一度、姉と一緒に住んでいたアパートに来てもらい、数学を教えてもらうことが、途切れ途切れに三年ほど続きました。

結婚、そして出産

Iは新潟の素封家《そほうか》の一人息子で、親の期待を一身に背負っている学生です。私の姉と同じ歳でしたが、姉と会ったときは保護者に対するときのような敬語を使うので、なんだかくすぐったい気がしたものです。議論好きで強情な野暮ったい女の子だった私は、おしゃれが大好きでいつも複数の男性とつきあっている姉にあこがれていました。Iもまた何人かの女性とつきあっていたようです。

二〇歳の私の誕生日にIが花束を持って一人住まいのアパートを訪ね、泊まっていきました。このときからIとは家庭教師兼恋人としてつきあうようになりましたが、バラ色の日々はすぐに終わりました。二三歳のとき、妊娠して、大学入学をあきらめ、結婚することにしたのです。

新潟のIのご両親は大反対していましたが、出産の前にかろうじて結婚し、入籍しました。そして初めて、Iがギャンブルにはまりこみ、学業も危うくなっていることに気づきました。学費と生活費を親元から仕送りしてもらい、新聞配達のアルバイトもしていましたが、仕送りの学費も新聞の集金もぜんぶ麻雀につぎ込んでいたのです。

一九七一年の五月、早めに里帰りをし、母の助力で六ヶ所村で初めての出産。母体の栄養不足だったのか、お見舞いに来た近所のおばさんたちがみな驚くほどの小さい赤ちゃんでした。あまりにも小さく弱々しく、見守っていないとすぐにも息が止まりそうな気がします。眠っていても傍らの娘が身動きするだけで飛び起きるので、「大丈夫。ちゃんと生きているから。少し休まないと体が回復しないよ」と母にたしなめられたほどです。

初めての出産のため、早めに里帰りをした時の一枚。（1971年５月）

このころ実家では、「むつ小川原開発」の土地ブームにのって、採草地などの土地を売り、開拓時代の借金を清算して、ようやく生活が安定するきざしが見え始めていました。この年の三月にはすでに、開発主体の「むつ小川原開発株式会社」や、用地買収の〝先兵〟となる「むつ小川原開発公社」が設立され、「開発」が具体的に動き始めています。

しかし食生活はまだまだ貧しく、産後の私のためにだけ、一日に一切れの魚が出るような毎日。父や祖父は、漬物や畑でとれるものだけがおかずなのです。申し訳なくていたたまれず、娘が生後一カ月のとき、Ｉに迎えに来てもらい、結婚したときに借りた中野のアパートに戻りました。

暗転

私が里帰りしていた間にも借金はどんどん増えて、Ｉは身動きができなくなっていたようです。娘がハイハイを始めたころのある夜なか、帰ってきたＩは無言でガスの元栓を開け、部屋中を締め切って自殺しようとしました。説得し止めようとしましたが、体格のいいＩを止めることはできません。

私は娘を抱き、身の回り品をバッグに詰めて、夢中で外に出ました。駅の近くの交番に行って訳を話し、その夜は世田谷のＩの親戚の家に泊めてもらいました。親戚の家では「そんな状態のＩを置いて来た」と私を怒りました。

警官が行ってみると、部屋にガスが充満していたので窓を開け放ち、警告してきたと、後で電話が入りました。

この日、Ｉと二つ違いのいとこは、「舞踏会に行って来た」と、夜遅く華やかな装いで帰ってきました。同じ年ごろの彼女を見て、子どもを抱きしめながら、自分の生活とのあまりの落差に泣くこともできず、その夜を過ごしたものです。

その後、再び六ヶ所村の実家に帰り、夏まで娘と居候《いそうろう》をしました。父や祖父は孫をかわいがり、「ずっとここにいたらどうだ」といってくれましたが、母は「一度は家を出たのだから、戻ってくるのは困る」というばかり。信じがたいのですが、八人兄弟の末っ子で末子と名付けられた母は、小さい時から病弱でわがままに育ち、自分が一番でなければ気が済まない子どもっぽいところがあり、父や祖父がかわいがる私と娘に嫉妬していたようです。

再出発

姉はこのころ、結婚して二児の母になり、子育ての最中。子どもたちは私の娘と年子で、きょうだいのようないい遊び相手になってくれました。義兄はダクト工事の自営業で、千葉に住んでいました。上京して姉一家と同じアパートに部屋を借り、姉の世話になりながら娘を保育園に預けて働くことにしました。近くの会社に事務員として就職できたので、娘と二人だけの生活が始まりました。

アパートから保育園、会社を歩いて回ると、どんなに急いでも一時間近くかかりました。小さい娘はよく風邪をひき中耳炎になったので、仕事が終わった後、病院にも通わなければなりません。はじめて自転車を買い、転びながら練習をしてやっと乗れるようになり、娘を乗せていくらか楽に通勤できるようになったときは、ほっとしたものです。

二年ほどそんな生活が続きましたが、ある時、私は風邪をこじらせて高熱が続き、長いあいだ会社を休んでしまいました。その時は小さい娘の食事を作ることもできず、姉に甘えてしまいました。Ｉと別れたときにはこちらからお金を出したほどで、娘の養育費をもらう約束はしていましたが、一度ももらっていません。私が働かなければ生活できないのに、病気になるともう働けない。これからの生活を思い暗澹《あんたん》とした気持ちでいたころ、義兄がお見合いを勧めてくれました。紹介してもらった菊川は義兄の仕事仲間の弟で、三九歳の初婚。会社と子育ての両立に疲れ切っていた私は、申し訳なく思いながらも、娘を連れて結婚することにしたのです。娘が三歳、私が二五歳のときでした。

新居のアパートを千葉県松戸市に借り、平穏な結婚生活が始まりました。もの心ついてから初めて「おとうさん」ができた娘は喜び、夫もよく娘を可愛がってくれて、生活の心配もなくなり、私の体も徐々に健康を取り戻していきました。

数年たって市営住宅に移り、長男が生まれ、次男が生まれました。市営住宅は小学校、中学校、県立高校に囲まれ、近所は造成中の団地や畑が広がって空気もきれいでしたから、子育てには理想的なところでした。

六ヶ所村に帰るまでの一七年間をそこで暮らし、子どもたちには幸せな時代を過ごしたふるさとになったようです。

たまの帰省

夏になると子どもたちを連れて青森に帰り、祖父や両親に会いに行きました。娘が小学校に入ってからは夏休みや冬休みを利用して帰省していました。

「むつ小川原開発」で村は昔とは違い、豊かになっていました。豊原でも、土地を売ったお金で高台に大きな家を新築し、車やトラクターを持つ家が増えていました。酪農を導入し、大規模経営に踏み切る農家も多くなっていました。

娘のお産で里帰りしていたときは、実家でも家を新築中でした。弟は専門学校に進学して八戸で下宿し、食べ物の心配がなくなった母は、トラクターなどの大型農機具を買ったり、ふだん着ることもない着物などを買って生活を楽しむようになっていました。開発で余分な土地が売れ、貧乏にあえいでいた両親も、ようやく暮らしに余裕ができるようになっていたのです。

一九七〇年代、帰省するごとに村は変わっていきました。もうドラム缶を太鼓代わりに叩く盆踊りはなく、各家に車が増え、テレビ、電話、冷蔵庫をそなえて、若者はモーターボートやスキーを楽しんでいました。それまでの貧しい生活を追い払うように、高価な着物を買い、おいしいものを食べ、冠婚葬祭も派手になっていました。

実家に数日間遊ぶだけの帰省で、子育てと自分の生活を守るだけで精一杯だった私は、「開発」の噂をたまに聞き、「開発ってしない方がいいんじゃないの？」と母にいったことがあります。母は「街中に住んでいる人は楽だからそういうけど、自然だけじゃ暮らしていけないんだ」とつぶやいていました。混みあう街の暮らしに疲れていた私は、何もない自然がただすばらしく思えたのです。当時、村の中で反対運動が行なわれていることも知りませんでした。

奪われ、破壊された村

チェルノブイリ後に帰郷してから、この当時を書いたいろいろな本を読んでみて、「むつ小川原開発」の実体がようやく見えてきました。私の貧しい両親には天の恵みだった開発による土地売買が、村内の激しい反対運動を経て、札束攻勢で切り崩された結果だったことを知り、私は複雑な思いにとらわれました。

＊

一九六九年五月、「新全総」の閣議決定で本格始動した「むつ小川原開発」。地元紙『東奥日報』も、翌年の四月から約一カ月にわたり、「巨大開発の胎動」「想像つかぬ変容　スケールは全国一」「初めて原子力採用」「世界的工業地帯に」などと大々的に宣伝キャンペーンをはりました。

この機を逃すまいと浮き足立つ県の経済・産業界が旗を振ります。「過疎の村が三〇万都市になる、生活苦・借金苦にあえいできた人たちも恩恵にあずかることができる」と、夢の大開発計画に素朴な期待を抱いた人たちもいました。六ヶ所村は「鳥も通わぬ」とか、「青森の満州」などと、他の青森県人からさえ馬鹿にされるほど、鄙《ひな》びた土地だったのです。

一方、部落内の絆が厚くお互いに助け合って生きてきた人々、地に足のついた暮らし・仕事を守ってきた農・漁業関係者の多くは、開発に激しく反対しました。

まず、開発区域にかかっている陸奥湾沿いの漁民たち。むつ市、横浜町、野辺地町《のへじ》が面する陸奥湾では、このころホタテの養殖に成功し、自立した漁業経営にむけて希望と自信をもちはじめていました。港湾施設や石油コンビナートの建設、公害などで海を荒らされてはたまらないと、各漁協は開発反対を表明します。

一九七一年八月中旬、青森県は「むつ小川原開発推進についての考え方」を発表します。これが住民に示された初めての正式な開発計画の「第一次案」でした。この案では、むつ市・横浜町は区域からはずされ、六ヶ所村を中心とした、三沢市、野辺地町の三地域の一万七五〇〇ヘクタールが開発区域となっていました。県が一時構想していた三万ヘクタールからは大幅に縮小されていますが、六ヶ所村では村の総面積の約半分が開発地域とされ、全村の約半数が立ち退かなければならないことになっていました。

これに対して当事の六ヶ所村村長・寺下力三郎さんは、「開発反対」を表明します。

寺下さんは、朝鮮が日本の植民地だったころ、朝鮮にあった「朝鮮窒素肥料」（戦後に水俣病の加害企業となるチッソと同系の企業）の工場で働いていた経験があり、そこで、日本に国を奪われ、農地を奪われ、土地から引き剝がされた朝鮮人たちの苦難を見てきました。また、朝鮮から内地へ戻ったあとは、栃木県の足尾で養蚕指導員をして歩きますが、足尾では、足尾銅山の鉱毒被害の傷跡を見、大資本の「開発」が周辺住民にもたらす公害の恐ろしさも学ばれたようです。

寺下さんは、「開発」によって土地を追われることになる六ヶ所村民たちの将来に、朝鮮や足尾の民衆と同じ姿を重ねていたのでしょう。自ら先頭に立って「開発」に立ち向かったのです。

六ヶ所村村議会も全員協議会を開き、全議員が「第一次案」に反対を表明します。

住民たちも次々に反対組織を立ち上げ、「開発」にまどわされないための勉強会を開いたり、部落ごとに署名運動に取り組んだりと、熱心に活動を始めます。

七一年一〇月には、各部落の反対組織を糾合して「むつ小川原開発反対同盟」（以下、「反対同盟」と略）が結成され、すでに「開発」の進んでいた茨城県の鹿島開発地域へ視察に行ったり、青森県庁前で反対集会やデモをしたりと、反対運動は急速な盛り上がりをみせました。

しかし一方で、開発推進側も、着実に布石を敷いていました。

七一年三月に官民合同出資の「むつ小川原開発株式会社」と、県が出資する用地買収の実務機関「むつ小川原開発公社」が、また一〇月には開発計画を担当する「株式会社むつ小川原総合開発センター」が相次いで設立され、公的に計画が具体化するとともに、裏ではブローカーが暗躍し、土地は確実に開発側の手に渡っていました。七二年二月からは「開発公社」が土地価格や補償基準等を発表、用地交渉の説明が開始されます。

県は七一年八月の「第一次案」に続き、同年九月には第二次案を村議団に提示します。わずか一月余しかたっていないにもかかわらず、開発区域は一万七五〇〇ヘクタールから七九〇〇ヘクタールへと、半分に縮小されていました。七二年六月に決定された「むつ小川原開発第一次基本計画」では、さらに縮小されて、五五〇〇ヘクタールとなっていました。

たびかさなる開発区域の縮小は、一見喜ばしいことのようにも思われますが、実は開発区域の線の内側と外側とを分断する役割をはたしました。それまでともに闘ってきたのに、突然線引きの外側にはずれ、立ち退かなくてもよくなった住民の中からは、こんどは「開発」に期待を寄せる人が現われるようになるのです。「反対派」は分断を強いられ、「条件付き推進派」が増え、「推進派」は徐々に勢いを増していきました。

村議会でも、徐々に推進派議員が増え、寺下村長との対立が激しくなります。七二年一〇月に、寺下村長の出張中に開かれた村議会の「むつ小川原開発対策特別委員会」では、「開発推進」が決議されます。一年前には「反対」を唱えていた村議たち二二名中一八名が、「推進派」に鞍替えしたのです。

一九七三年五月に、「反対同盟」が中心となって、開発推進派の橋本勝四郎村議（開発対策特別委員長）に対するリコールが請求されますが、不成立。翌月の六月には、推進派が寺下村長のリコールを請求しますが、こちらも不成立となります。

そして、同年一二月の村長選で、寺下さんは、開発推進派の古川伊勢松氏に、七九票差で敗れるのです。これ以後、村長選で開発反対派は負け続けることになります。この村長選を境に、反対運動は急速にしぼんでゆきました。

この間、開発計画の具体化にともなって、地価はぐんぐん上昇していました。たとえば七三年三月の六ヶ所村千歳地区の地価は、四年前と比べて二〇〇倍近くに急騰しています。そして、札束攻勢に屈し、土地を売って開拓地から立ち退く住民が出はじめるのです。

ここに馬場仁著『六ヶ所村　馬場仁写真日記』という本があります。一九七二年八月から一九八〇年四月まで村に通った馬場仁さんが、開拓集落の生活を追い続けた貴重な写真記録集です。その中で、ある農民はこう語っています。

「結局、開拓生活とは借金生活と同じでした。入植時に借りた金を返せないうちに、生活費がないためまた借金をするといった具合で、借金額は次々と増えていくわけです。」

取材当時六八歳、すでに村長ではなくなっていた寺下さんの話も。

「あれだけ反対運動がありながら土地が売られていったということは、現金の前には反対運動も弱かったということでしょう。学習会やデモや集会、鹿島への見学会すら、目の前に積まれた札束の前にはたいした役にはたたなかったということかと思うのです。

年間一万円の税金が払えないで困っていた人たちだ。目の前に五百万なり一千万なり積まれてごらんなさい。それが自分のはんを押すだけで自由になる。そのことを考えると無理もないという気もするんです。ましてや二千万、三千万という人がざらにいたわけですからね。その人たちにとってみれば、反対運動だの、あるいは土地を手放すことの意味だのということは、その瞬間には完全に頭の中になかったと思うんです。」（『六ヶ所村 馬場仁写真日記』JPU出版より）

一九七一年までに、村内の真ん中に五五〇〇ヘクタールの土地が買い占められ、反対運動は衰退していきました。土地を売った村民は莫大な補償金をもらい、村内に集団移転して立派な家を建てたり、三沢や八戸などに出て、補償金を元手に商売を始めた人もいました。その金をめぐる家族の争いも多くなり、殺人事件まで起きました。

村に残った人たちは誘致される企業に勤める希望をもっていましたが、折からの石油ショックも影響して、結局、村に来る企業は一社もなく、仕事のない人たちは通年の出稼ぎをするようになっていきました。生活苦から自殺する人も出ました。

「巨大石油コンビナート」の夢は、狂乱の土地ブームを起こし、開拓農民の生活と土地を奪って、人間関係を壊して終わったのです。

「核燃料サイクル施設」の反対運動以前に、村は激しく、徹底的に揺さぶられていたのでした。

1986年７月撮影の六ヶ所村弥栄平地区。この地に再処理工場が建設された。（写真：島田 恵）

建設された再処理工場（日本原燃株式会社のパンフレットより）

II

チェルノブイリ／帰郷

田舎暮らしへ

大人になったらどんな暮らしをしたいかと中学校の授業で問われたことがあります。私は「山の中で猫や犬を飼い、自分の食べるものを自分で作って、本を読んで暮らしたい」と答えました。高度経済成長の黎明期でしたから、その時の若く美しい女教師からは、「夢がない」と批評されて、あまり良い点はもらえませんでした。自然の中で暮らしたい思いはその当時から変わらず、いまの生活は、反対運動をのぞけば、子ども時代の理想がかなったともいえるでしょう。

子どものころ、友だちと野山を駆け回った記憶はいまも懐かしくよみがえります。上京してから、自然の中で遊ぶのはお金がかかるものだと知りました。懸命に働いてお金を貯め、わずかな休みの間に夜行列車で山や海に行き、また夜行列車で帰る。それだけが自然とのふれあいという都会生活に、私はだんだん満足できなくなっていました。

二回目の結婚をしてからも共働きをして、少しずつ生活が楽になっていました。三人目の子どもを妊娠してから思い切って仕事を辞め、時間にもゆとりができていました。

そのころ、近所で二〇〇坪ほどの空き地を借り、野菜を作り始めました。ままごとのような農作業でしたが、とても楽しいのです。自宅から歩いて一分のところに完全無農薬の我が家の菜園がありました。中学生の長女のお弁当にも、菜園で採れた野菜をふんだんに入れました。ときどき青虫が入っていたようで、「お弁当に虫が入っていた」と怒られたこともありますが、幸いいつも残さず食べてくれました。

動物好きの長女はしょっちゅう捨て猫を拾ってきました。当時は市営住宅に住んでいたので、動物は飼えない規則があります。ベランダや室内で隣人にばれないように飼うしかなかったのですが、捨て猫だけではなく、ウズラやウサギ、インコ、カメ、メダカ、ハムスターなど、いつもいろいろな生き物がいました。思いあぐねて、子どもたちが寝ている間にこっそりと郊外に捨てに行ったこともあります。

周りを見ると、子どもの友だちはほとんどが、放課後は学習塾に通っていました。家が豊かではあるけれど、いつも忙しい子どもたち。夫と何度も話し合い、自然の中でのびのびできる環境を子どもたちに作ってやりたいと、田舎暮らしを考えるようになりました。

野菜作りも楽しく、もっといろいろな作物を自分で作りたくなっていました。田舎暮らしの雑誌を読み、競売物件を探して何度も各地に足を運び、とうとう岐阜県の山の中に理想的な土地を見つけました。

その土地を買い、数年かけて田舎に移る準備を始めた矢先の一九八六年四月、チェルノブイリの事故が起きました。

放射能の恐ろしさを目の当たりにして、日本の原発問題への関心が芽生えました。自分なりに勉強していくうちに、六ヶ所村で進んでいる核燃施設のことも知るようになります。

「むつ小川原開発」で傷ついた六ヶ所村でしたが、広い空き地は残っても、いわゆる公害は生まれませんでした。ですが今度は、その空き地に進出してくる「核燃」によって、ふるさとが、放射能汚染という最悪の公害にさらされるかもしれない、という問題が持ち上がったのです。

帰郷の決意

岐阜県に移住することを決めた一九八九年、ＰＴＡ活動で知りあった仲間から紹介され、雑誌『現代農業』に掲載されていた青森県の農民・久保晴一さん（のち「核燃サイクル建設阻止農業者実行委員会」委員長）の投稿を読みました。もうよく覚えていませんが、「放射能から農業を守るために国と闘う」という内容でした。保守王国青森の同世代の農民の決意を知り、胸がふるえました。

戦争の被害者としての意識しかなかった両親を思い、この時代を生きる大人の責任として、何をしなければならないかを考えました。あの時代と違い、国家権力と闘ったからといって、いまは命まで奪われることはないのです。

本で読んだチェルノブイリの子どもたちの悲惨な様子も忘れられませんでした。この間に「核燃サイクル」のことについても学び、フランスやイギリスの再処理工場でも、子どもたちへの深刻な健康被害や環境破壊が起きていることがわかりました。六ヶ所村の周辺地域でもトラブルが起きないとは、私にはとても思えませんでした。

六ヶ所村の放射能汚染を止めなければ、という義務感と、岐阜でのんびりと田舎暮らしを楽しみたい思いとのあいだで揺れていた私は、迷いを断ち切って家族を説得し、六ヶ所村に帰郷することにしました。

岐阜の路面電車が気に入っていた六歳の末っ子は、「ボクはイヤだ。岐阜がいい！」と強硬に反対し、岐阜大学の医学部を目指していた長女も怒りました。当時、岐阜と弘前は同じ国立大学でも、医学部は特に偏差値がかなり違っていたのだから無理もありません。

長男と次男には「ウサギやリスも飼えるし、魚釣りもできるし、ここでできない色んな楽しいことができるのよ」と説得に努めましたがあまり効果はなく、結局、「子どもは親についてくるしかないんだから」と強引に押し切ってしまいました。

長女には「ごめんね、頑張ってね」とおとなしく謝るしかありません。現役で入学できたのは何よりでした。最後の受験校だった弘前大学医学部の合格通知が来たとき、思わず娘と抱き合って喜んだものです。

夫は「牛に引かれて善光寺かぁ」とぼやきながらも、渋々つきあってくれました。

農業者としての引継ぎ

一九九〇年三月、私は家族とともに六ヶ所村に帰郷しました。私たちは農業で生計を立てていこうと考えていましたので、まずは実家の畑を引き継ぐことから始めました。

帰郷したころ、母は自家菜園を作るくらいで、ほとんどの畑は人に貸していました。トラクターなどの大型機械や農具なども、まともなものは残っていません。小型の作業機や唐箕《とうみ》、鎌、鍬《くわ》などを買い、私たちが使うために、家に続いている一町四反の畑を返してもらって、春から農作業を始めました。まずは大豆、小豆、ジャガイモ、ソバを植えつけました。

夫は東京出身で、農業経験はありません。何を植えるか、いつ草を取るか、いつ収穫をするか、すべて私が決めました。大型機械を使わず（なかったので）、農薬を使わない農作業はきつい肉体労働です。始めは両親が少し手伝ってくれたので助かりましたが、なれない夫はすぐに腰を痛めてしまい、あまりのつらさに怒りだしてしまいました。それからは、農作業にある程度なれている私がほとんどすることになりました。

しかし、私が反対運動に関わり始めた二年目の農業収入は、豆や大豆を売ったわずか二〇万円だけで、「田舎暮らし資金」として蓄えた貯金を取り崩して当座をしのぐしかありませんでした。

帰郷したころの六ヶ所村

「石油コンビナート」に代わって核燃サイクル基地が来ることになった一九八〇年代なかばから、私が帰郷する一九九〇年までの、核燃をめぐるおおまかな動きを追ってみましょう。

○核燃サイクルの侵出

電事連が核燃サイクル基地受け入れを青森県に要請したのが一九八四年。六ヶ所村が受け入れを決めたのが八五年です。石油備蓄基地に続く、二番目の「企業進出」ということになります。土地の買収が済み、地元の農民も立ち退いて、広大な空閑地が広がる六ヶ所村は、残念ながらすでに、危険な施設を建設するための「最適地」となっていました。

また、その広大な空き地の「地主」となっていた「むつ小川原開発株式会社」は、このころ一四〇〇〇億円もの莫大な借金を抱えていました。買い占めた土地のうち、売れたのは石油備蓄基地用の土地二四〇ヘクタールのみで、残り五二六〇ヘクタールもの土地を「売れ残り在庫」として抱えていたのです。国からの利子補給でなんとか破産は免れているという状態でした。

「むつ小川原開発株式会社」の当時の専務が青森県の開発室長であり、取締役が竹内俊吉元知事、相談役には北村正哉現職知事が就いていました。彼らの立場上、核燃サイクルであろうがなんであろうが、一刻も早く土地を売ってしまいたかったに違いありません。

このころはすでに、「開発」によって大きなおカネが飛び交った時期は過ぎ去り、補償金を新しい家の建築で使い果たし、再び出稼ぎに出る村人が増えるようになっていました。仕事がないため生活保護に頼らざるを得ない人も出ていました。移転先の「新住区」に新築した家を手放さざるを得なくなって、村を出て行く人もいました。

かつて、おカネは無くともなんとか食べていけたのは、自分の農地や山野の恵みで、あるていど自給自足しながら生きることができたからでしたが、その農地も山林も、もはや線引きの向こう側、「開発」の手に渡ってしまっていました。

六ヶ所村のかつての「開発推進派」は、「開発」に代わる新たな「地域振興」の目玉として、こんどは核燃料サイクル施設に期待をかけていたのです。

○核燃への抵抗

このころ、下北半島の〝原子力半島〟化に対して、漁民たちが抵抗に立ち上がっていました。六ヶ所村核燃施設に対しては村内最大の漁協・泊《とまり》漁協が、隣の東通村《ひがしどおり》では下北原発（後に規模が縮小され、「東通原発」と改称）に対して白糠《しらぬか》漁協が、大間《おおま》町でも新型転換炉（のちに改良型沸騰水型軽水炉に変更）に対して大間漁協や奥戸《おこっぺ》漁協が、最後の砦になっていたのです。

核然施設建設のためには海域調査が必要ですが、調査は漁協の同意がなければできません。八五年七月の時点で、六ヶ所村泊漁協は、まだ首をタテにふっていませんでした。

泊地区は、昔から半農半漁で生活できる比較的豊かな土地で、「むつ小川原開発」のころから開発反対派の拠点のひとつでした。

「核燃」に対しても、同年四月に泊漁協の漁師たちで「核燃から漁場を守る会」を結成していました。また泊の女性たちもチェルノブイリの事故をきっかけとして、「核燃から子供を守る母親の会」を結成し、県への要請や街宣活動、原発の危険性を訴えるパンフレット三千～四千部を各戸に配布して歩くなど、活発に活動を始めます。彼女たちは「カッチャ軍団」とよばれ、生活者としての個人が集まる活動が、少しずつ住民運動の枠をこえて市民運動的な広がりにつながっていったといいます。

一方で、県知事・警察・県水産部・電事連の四者が共謀して、泊漁協内の核燃反対派五名を逮捕する事件が起きるなど、圧力・買収・分断・警察権力まで使った強引な手法によって反対派は封じ込められ、漁協内の推進派が海域調査受け入れを勝手に決めてしまいます。

八六年六月から八月にかけて海域調査が強行された際は、泊の漁民たちの抵抗に、県内の労働者や東通村の白糠漁協の船も援軍に駆けつけました。機動隊や私服刑事四〇〇～六〇〇名が泊の漁港を封鎖。海上には調査用のブイを投下するための作業船を警護するために、海上保安庁が三千トン級の巡視艇三隻を含め四〇隻ほどを出動させ、上空にはヘリコプター二機が旋回するなどして、調査を阻止しようと奮闘する漁船三〇～四〇隻と「海戦」を繰り広げました。

この一連の海上の阻止行動にからんでも四名の逮捕者が出ます。先の五名の逮捕劇といい、でっちあげの不当逮捕であることは明白でした。ほかにも、六月に電事連への抗議活動にからんで、核燃に批判的な記事を書き続けていた地方紙の記者が不当逮捕されています。

泊という小さな部落への、機動隊・海保・地元警察を動員しての徹底的な弾圧は、「核燃」を何が何でも六ヶ所へ、という権力側の強い意志の表れであり、盛り上がり始めた運動へのあせりの表出でもあったのでしょう。

漁協に次いで、六ヶ所村周辺の農業者や生協、市民グループも、核燃阻止・白紙撤回を求めて立ち上がります。

青森県の農業者組織は、これまで県の基本方針に対して対決姿勢を示したことはありませんでしたが、一九八〇年代半ばになって、農協の婦人部と青年部が中心となって、初めて「抗議」の狼煙《のろし》を上げたのです。彼女・彼らの運動は、参議院に青森から反核燃候補を送り込むことに大きく貢献するまでに力をつけます。

農業立県である青森県が、核燃施設の風評被害や放射能汚染に対して、不安を強めたのは当然のことでした。

八六年の四月二六日にチェルノブイリの事故が起きますが、事故後、輸入食品の放射能汚染がかなり深刻な社会問題となっていました。核燃のせいで青森県産の農作物の商品価値が下がるのではないか、と危機感を募らせていたのです。

生協などの消費者団体から、核燃施設稼動後の不買運動の可能性を示唆されたり、消費者から直接手紙が来たりもしていました。

そのほかにも、広範な運動が繰り広げられます。おもな動きを上げると、八八年一月、「ストップ・ザ・核燃」一〇〇万人署名運動開始。八月、「核燃サイクル阻止一万人訴訟原告団」結成。八九年三月、「脱原発法、反核燃青森県ネットワーク」結成。四月、「核燃いらね！　六ヶ所村四・九大行動」に一万二千人が参加。七月、「一万人訴訟原告団」がウラン濃縮施設への国の事業許可取り消しを求めて提訴。八月、西ドイツの市民団体が核燃計画中止を求めて六ヶ所村を訪問、抗議行動。同月、反核燃市民グループ一三団体が、北村知事の辞任を要求。一二月の村長選で「核燃凍結」の土田浩候補が当選。九〇年二月の衆院選には、反核燃の二候補が当選します。村内、県内、県外のさまざまな団体（市民団体、農協、漁協、生協等々）が、県庁や村役場への要請行動、大小さまざまな集会や学習会、署名運動などを行ないました。

ウラン濃縮工場や低レベル核廃棄物処分場の事業許可、着工、機器の搬入など、着々と核燃推進へと事態が進行するなか、八九年から九〇年にかけて、反核燃運動は全県化・全国化・国際化し、ピークをむかえます。

しかしこのような動きも、八九年一二月の村長選と、九一年二月の県知事選挙を経て、村内・県内の運動は急速に沈静化していくことになります。

○核燃選挙

村長選挙で反対派が推進派と互角に闘えたのは、一九八九年一二月が最後でした。

この村長選では、当時の現職で「核燃推進」の古川伊勢松氏、「反核燃」の高梨酉蔵氏、「核燃凍結」を掲げる前村議の土田浩氏の三氏が立候補。現職の古川氏が圧倒的に有利で、当選したらすぐにウラン濃縮工場の安全協定に調印するという見通しでした。反核燃候補の高梨酉蔵氏は政治家としての蓄積がなく、当選の見込みはありません。ウラン濃縮工場の操業を止めようと必死になった反対派の中から、止めるための第一歩として、「凍結」の土田浩氏を当選させるために全力を尽くす人たちが出てきたのです。

「放射能から地域を守る会」は中村勘次郎氏を代表に、「核燃から子供を守る母親の会」は中村およね氏が代表になって、土田浩氏と「高レベル廃棄物と再処理工場の受け入れの是非は住民投票で決める」という主旨の政策協定を結びました。

「核燃から子供を守る母親の会」の会員は、その協定書を手に、雪をかき分けながら村内全戸を廻ったのです。漁師のおかみさんが先頭に立って政治活動をするのは、村でも初めてのこと。当時まだ村に帰っていなかった私は、後になってこの時の話を何人もの方からうかがう機会がありました。

「子どもを預け合って、まんま（食事）食べさせて。みんな必死だったから。古川が当選したらすぐにウラン濃縮工場が動き出すんだから」

「一回目に行ったときは口も聞いてくれないの。二回目に行くと呆れた顔になる。それで三回目に行くとようやく話を聞いてくれて」

「この間まで一緒に反対運動やってきた人たちが、事務所の前で協定書をヒラヒラさせて、〝凍結〟はすぐに解けるって笑うんだ。その口惜しかったこと」

一度行って断られてもあきらめず、二度三度と戸別訪問を繰り返し、「カッチャ軍団」はとうとう土田浩氏を当選させたのです。破れた古川氏は、選挙が終わった一カ月後に亡くなりました。ところが土田氏は、当選した直後から「凍結」の公約を反故《ほご》にし、以後、事業は一度も立ち止まることなく進むことになるのです。

土田氏は、村議時代にむつ小川原開発の土地買収に積極的に協力した経緯があったことから、「凍結はすぐに解ける」と読んで彼を断固拒否した村民と、それを支援した人たちがいました。彼らと、土田氏を応援した村民との間に大きなしこりを残して、この選挙は終わったのです。村内の反対運動も分裂して、二度と集結することはできませんでした。

一九九一年二月の県知事選挙では、推進派の現職・北村正哉知事が勝利しました。この県知事選は、核燃立地の命運がかかった〝分水嶺〟ともいえる選挙でした。

自民党公認の北村陣営には、電事連関連企業の全面的なバックアップがあり、当時の海部俊樹首相をはじめ小沢一郎自民党幹事長ほか、閣僚二〇人中一八人の大物代議士が応援に駆けつけるなど、まさにカネと権力で引き締めをはかる万全の支援体制が敷かれたといいます。

この県知事選での反対派の敗北で、特に農業者関係団体にはあきらめ、無力感が広がり、大きな組織が動く反対運動はこれを境に沈静化していきました。

私が帰郷したのは、この村長選と県知事選のはざまの九〇年三月。帰郷の三日後に、ウラン濃縮工場へ遠心分離機が搬入されるという「洗礼」を浴びるなど、着々と核燃施設の建設が進むという現実を背景に、村の中では県内の反対運動より一足早く村長選挙でピークを迎えた反対運動が、下り坂にさしかかるころだったといえるかもしれません。

これ以降の村長選挙や村議会選挙でも、反対派は欠かさず候補を擁立し、議会に食い込もうとしましたが、力及ばず、六ヶ所村議会はオール与党、議員はほとんどが関連企業がらみという異常事態がいまも続いています。

III

運動経験——仲間たちと

初めて集会へ

帰郷から半年ほどたった九〇年一一月、六ヶ所村の中央公民館で反対派の集会が開かれることを戸別配達のチラシで知りました。バスに乗って尾駮《おぶち》に行き、その集会に参加したのが、帰郷後の運動の始めの第一歩でした。

そこで、三沢市のTさん、Oさん、Iさん、Nさん、八戸のOさん、Kさんなどと知り合ったのです。

特に三沢や八戸の方々は弘前在住の方とともに「核燃サイクル阻止一万人訴訟原告団」の裁判闘争の中心になり、核燃が誘致される前から村内の反対運動を支えてきた多彩な顔ぶれで、運動の中でいまも活躍されている方々です。

人のつながりや運動のやり方など、いろいろ教わりながら運動に関わり始めたのですが、それまで私は市民運動にもほとんど関わっていなかったので、何もかもが新鮮な驚きでした。

公民館で知り合った夜、三沢のIさんに「反対運動で何がしたい?」と聞かれて、「村の中に配る情報誌を作りたい」と答えたことを覚えています。帰郷しても、村に住んでいるのに反対運動の情報が何も伝わってこなかったので、情報を行き渡らせたかったのです。

反核燃情報誌「うつぎ」の発刊

村の「新住民」*で天然酵母のパン屋さんをしていたTさん、やはり新住民で九〇年一〇月に取材のため移り住んだ写真家の島田恵さん、三沢の労働福祉会館勤務のIさんたちに記事の書き方や情報収集の方法、印刷の仕方などを教えてもらい、反対運動の情報誌「うつぎ」の発刊を始めました。

夜、街灯もない暗い吹雪の山道を走り、Tさんの家に集まって編集会議をしたことを思い出します。

★九〇年一二月一〇日発行 「うつぎ」創刊号
創刊に寄せて

『まだ間に合う』というのが村に住んで反対運動を続けている私たちの合い言葉です。しかし間に合わなくなったら、日常生活で目に見えず肌にも感じられない放射能を私たちはどうやって防げるでしょう。同じ村に住んで思いを同じくする人たちの連帯を目指して、この通信を送ります。小さな声や

＊新住民＝1989年12月の村長選挙の際、「反核燃」候補の応援に村外から駆けつけ、六ヶ所村や三沢市に定住するようになった人々。以後、「核燃凍結」の土田候補を応援しなかった村人と結びつきながら、核燃反対運動を粘り強く進める主体となった。

疑問などを寄せていただければさいわいです。

編集責任者　菊川慶子

＊

やっぱり、核燃はゴメンダ　大きな声でなくても小さな声で　三沢市・Ｉ

六ヶ所の皆さん、こんにちは。わたしは三沢に住んでいる三八歳の二児の母です。核燃料サイクル施設が六ヶ所村に建設されるという話がもちあがってもう六年にもなりますね。最初から何かとてつもないものができるのではと、誰もが不安を抱いたのではないだろうかと思います。わたしは核燃のことが気になって六ヶ所にも何度か足を運んでいました。最初は広瀬隆さんの学習会です。彼の話を聞いているうちに不安がつのり、そして、なんでわたしたちが原発のゴミを引き受けなければならないのかと怒りがこみ上げてきました。

推進する科技庁や会社では、自然放射能も人工放射能も同じだという。しかし、現実に起こっているイギリスの再処理工場周辺の子どもたちの白血病の多発、そしてチェルノブイリの事故の影響を見ると恐ろしいです。とにかく真実を知れば知るほど恐ろしく、とても悲しくなってきます。チェルノブイリ事故後は、県内、全国で核燃反対の声が大きくなってきました。集会とか署名とか、また核燃の危険性を報らせたいと地道に勉強会を続けている人たちもたくさんいます。核燃をとめたいと思っている人が大勢いるのです。

今からでも遅くないはずです。表に出て反対といえないかもしれませんが、いろんな方法で意思表示ができるはずです。わたしも農家に生まれ育ち、この地方の厳しさみたいなもの

——を知っているつもりです。大変なところでもやっぱり自分の住んでいるところが大好きです。だから放射能はごめんです。この紙面を利用してみんなと意見交流ができればいいですね。

いま読むと記事も素人くさく、ワープロ（まだワープロでした）の打ち間違いも多く、なんとも読みにくい紙面。これからの予定も紹介し、大きな期待を抱いて始めた全戸配布でしたが、住民の反応は鈍く、数年後には希望者への配布だけに限定せざるをえませんでした。

思いがけなく村外で購読希望の読者が増え、長いあいだ六ヶ所村発の反対運動情報誌として、全国の方々に愛読していただいたのは望外の喜びでした。農作業と家事の合間に反対運動をし、その反対運動をしながら取材し、いつもやっつけで誌面編集をしていたので、編集技術は何年たっても向上しなかったのですが。

情報誌「うつぎ」より（1）

はじめは皆さんに書いていただく投稿が主流でした。できるだけ六ヶ所村のいいところを伝えようと、「花便り、六ヶ所村の自慢料理」とイラストは平沼に住むTさんが、「ホンネで語ろう我が村」の写真とインタビューは島田恵さんが、反対運動は私がおもに担当し、毎月編集会議を開いて紙面を決めました。メンバーが入れ替わりながら、九八年七月までは月刊、九八年一〇月からは季刊にし、二〇〇〇年一二月には一〇〇号に。読み返すと反対運動に全力疾走していたあのころが思い出され、いたたまれない心地がします。

「うつぎ」のバックナンバーがある程度残っているのは、九四年から長いあいだ住み込みで「牛小舎《うしごや》」（村外から反対運動に来る人たちのために、実家の牛舎を改装してつくった簡易宿泊所）の管理人を引き受けてくださった福沢定岳さんが、散逸している本誌を拾い集め、より分けてファイルしてくださったおかげです。

長くなりますが、その記録の中からいくつか抜粋して紹介しながら、私たちの運動の軌跡をふり返ってみます。

★一九九一年九月一〇日発行　「うつぎ」第一〇号

北海道泊原発、幌延の現地から

八〇キロで走っている私の車を後続車がどんどん追い越していく。「よし、それなら」とアクセルを踏み込み九〇キロにしてみたが、状況は変わらずアラームが苦しそうに「ビーッ、ビーッ」となるばかり。しかたなくまた八〇キロの安全運転にもどった。どこまでもまっすぐに続く広い道路。六ヶ所村の国道の何倍あるだろう。市街地を抜けるとすぐ、緑の山がある。白樺がいたるところに自生している。濃霧の美笛峠をくだると、日光がさんさんと輝き、セミ時雨がうるさいほどだ。

幌延の反対運動　Kさんの農場は、動燃（動力炉・核燃料開発事業団、現在の日本原子力研究開発機構〕の高レベル廃棄物貯蔵施設予定地の隣接町、豊富町にあった。六〇町歩の広さは本州とはケタがちがう。ここにも白樺がたくさん生えている。土地は痩せていたが、奥さんは四〇〇羽の鶏の世話をするかたわら、見事な菜園を作っていた。

夜、近所の人と交流会。幌延現地では反対行動をする人が少ないという。しかし、隣接町の反対が強く、当分「高レベル廃棄物最終処分場」着工の見通しはない。隣接の連帯がうまくいっているようだ。だが、推進側も切り崩し工作をしているようで、油断できないということだった。広々とした北の大地で酪農を営む人々の反対運動は、明るく力強い。

泊原発では　最終日は泊原発のある泊村の隣町・岩内町へ。ここでも泊村の人々は、おもてだって反対運動をしていないとうかがった。〔放射能漏れ〕事故のあとはぴったりと村の内部の様子を話さなくなったという。地域の活性化につながるという推進側のもくろみとは裏腹に周辺市町村の過疎化はとまらず、地元に残る若い労働者は原発内の被ばく労働に従事しているということだった。

事故をきっかけに、札幌の消費者グループは岩内町で生産される牛乳の取引を停止した。牛乳の取引停止で被害を受けたのは、酪農家というよりも、岩内町の牛乳を買い入れている地元の小さな牛乳会社だ。この牛乳会社が大口取引を停止されたのはこれがはじめてではない。泊原発の稼動と前後して売り上げが減少し、岩内町にあった工場の移転を余儀なくされている。この小さな牛乳会社の経営者は一貫して原発に反対の態度をとっていただけに、今回の消費者団体の取引停止には割り切れないものがあったようだ。

ともに原発反対を主張していても、消費者と生産者がどこまで手を取り合っていけるか、重い課題が残されている。この被害に対して北電は「放射能漏れはなかったので、風評被害ではない」と主張しているという。被害があっても因果関係を認めようとしない電力会社と、それを黙認する行政当局。やはりしわよせは弱いところに集中するようだ。

泊原発が稼動してまだ二年。放射能の被害に先立ってもう風評被害が出ているのに、行政や電力会社も認めていない。何年か後に人体に被害が出たときにどうなるのか、答えは明らかである。そしてそれは六ヶ所村の明日の姿でもあるのだ。しかも核燃は原発とは比べ物にならないほどのリスクがある。

原発が稼動してからもなお、闘い続けている人々の話は重みがある。生活を守るために粘り強く闘う姿勢には学ぶべきものがたくさんあった。

＊

女たちのキャンプ in 六ヶ所村

〔一九九一年〕九月一〇日から一〇月六日まで、六ヶ所村新納屋《しんなや》の小泉金吾さん宅の国道沿い空き地で女たちのキャンプが開かれる。核燃をとめたい全国の女たちが非暴力直接行動で六フッ化ウラン搬入に抗議していこうとキャンプ入りしている。「このキャンプで核燃をとめられるかどうかわからないし、私たちの力だけではどれだけのことができるか不安もある。でも、六フッ化ウランの搬入を止めようと必死の思いで集まってきた。これからも続く反対運動のなかで村の女たち、県内の女たちとのつながりを作っていきたい」。代表をおかず、集まってきたみんなで話し合いながらキャンプを運営していくという。地元の女たちが気軽に顔を出せる場を作りたいとスタッフは張り切っている。

★一九九一年一〇月一五日発行「うつぎ」第一一号

激しい抵抗の中　ウラン搬入される

その夜、天然六フッ化ウランが陸揚げされた東京の大井埠頭では厳しい警備が行われていた。ウラン輸送を阻止するため約一〇〇人の市民が、出発出口と予想された六号バースに集結。出発予定時刻が迫ったとき、警官隊に排除された。しかし、輸送隊は別の出口から予定時刻どおりに出発。このため、追跡しようと待ち構えていたウランネットの車は一時混乱した。このあと、輸送沿線各地で阻止行動が行われたため、第一陣の輸送隊は予定より遅れて六ヶ所村に入った。

九月二七日午後四時一二分、天然六フッ化ウランの輸送車が高瀬川の橋を渡り、六ヶ所村に入った。パトカー四台、「上組」と書かれた警備のワゴン車、白バイに守られた輸送隊の列に、輸送に反対する市民や農業者などの車が何台も割り込み、ノロノロ運転をしている。少し走ると白バイが制止し、輸送隊が通過するまで止められる。今度はスピードをあげて隊列を追い越し先頭についてゆっくり走る。トレーラーの間に割り込む。執拗な阻止行動にさえぎられながら輸送隊は338号から南ゲートに向かう東西幹線をゆっくり曲がってきた。

ゲートから五〇〇メートルほど手前で、南ゲートから車道に広がって歩いてきた三〇人ほどの人が先導のパトカーをみつけた。一瞬立ち止まった人々は、いっせいにその場に座り込みダイ・インした。輸送隊は完全に立ち往生してしまった。警官がばらばらと駆け寄ってくる。大の字に寝ている人を引き起こし、抱え上げて歩道に引きずってゆく。そこから少し離れて「核燃白紙撤回」の看板をつけた車が車道いっぱいに止まってトレーラーの進路をふさいだ。歩道まで排除された女性が泣きながら立ち上がり、また車道に出る。座り込み、ダイ・インを繰り返す。必死にトレーラーの前に出ようとする女性をつきとばす警官。無抵抗で引きずられてきた青年の頭をトレーラーのタイヤに押し付けている公安警察官。年配の男性がトレーラーの下に飛び込み鋭い急ブレーキの音が響く。赤ちゃんを抱いてダイ・インを繰り返す母親。妊娠した体で座り込んでいる女性。対向車線に進路を変えて強行突破しようとするトレーラーによじのぼる人。対向車線の車がクラクションを鳴らし続け、運転手が窓から身を乗り出して、抵抗する人々に激励の言葉をかけている。排除にあたっている若い警官は、汗をしたたらせていた。

最後の一人を歩道に押し出した警官たちは、手をつないでトレーラーの進路を守った。行く手をさえぎられた農業者が警官に食ってかかっている。歩道に赤旗を立てて集結していた

1991年９月、ウラン初搬入に抗議して、トレーラーの前に座り込んだ人たち。（写真：島田 恵）

1991年10月、ウラン初搬入に抗議する座り込み。（写真：島田 恵）

労組は、騒ぎに巻き込まれることもなく整然とシュプレヒコールを繰り返してトレーラーを見送っていた。

混乱の中で放射線を計っている人が何人かいた。トレーラーの前後ではそれほど高くないが、トレーラーの横では通常の四〇倍という高い値が出ている。二日で一般人の年間の許容量を超えてしまう値である。

この日運ばれた天然六フッ化ウランは東京電力発注分の一二〇トン。そのほとんどが劣化ウランとして工場内に残され、いっそう危険な猛毒物質となった濃縮ウランは東海村へ運ばれていく。村内に大きな不安の声を残したまま核燃サイクルは動き始めた。

＊

キャンプ日記

第一回のウラン搬入が行われた翌日、六ヶ所村は暴風雨に襲われました。新納屋の神社に避難していた私たちは、激しい風で目を覚ましました。神社のベニヤ板が風にあおられて飛んでいきそうです。あわてて壁を押さえました。食器を運んでいる人の後ろで、太い杉の木がものすごい音をたてて倒れました。テントはどこかへ飛んでいってしまいました。一時間前まであったトイレがなくなっています。

前日の緊張に加えて、この朝の台風の恐怖は完全に私たちの理性を吹き飛ばしてしまいました。一〇月六日に終わる予定だったキャンプを、八日の第二回搬入までのばしてしまったのもこの日の話し合いの結果でした。やらなければいけないと感じたことをとにかくやってしまう、大変だったけれど、すばらしい一カ月でした。

六ヶ所村に初めて放射能が持ち込まれた九一年九月から一〇月にかけて、全国から集まった女たち約四〇〇人が、国道338号線わきにテントを張って一カ月あまり、花と歌を武器にして非暴力の抗議行動を行ないました。台風の多い年で、その一カ月の間に三回もテントごと吹き飛ばされ、抗議行動が終わった後、何人もの女性たちが体をこわしたのです。

同年二月の県知事選で反核燃候補が敗れ、県内の運動に無力感が支配してゆく中でも、まだ六ヶ所村へのウランの初搬入を阻止しようと集まる人たちが大勢いたのです。

一九九一年一一月一〇日発行の「うつぎ」第一二号は、六ページ。一面に高レベル廃棄物貯蔵施設の公開ヒアリングと抗議集会の様子が載り、八戸のKさんの投稿で、寺下力三郎さんが尾駮《おぶち》沼で漁をしている写真が、原燃サービス・原燃産業・電事連が六ヶ所村内で出しているタウン誌『ふかだっこ』の表紙に「今日はたくさん罠にかかったかな」という意味ありげなキャプション入りで使われた、という記事も載っています。激怒した寺下さんはすぐ青森地裁に提訴し、原燃の謝罪と一〇〇万円の慰謝料を勝ち取りました。推進側に対する反対派の数少ない勝利の一つでしょう。

「うつぎ」を発行してから一年が過ぎ、定期購読者は八六名。編集責任者として私は次のようにあいさつしています。

★一九九一年一一月一〇日発行　「うつぎ」第一二号
「うつぎ」満一年　ありがとうございました。

まだ間に合うという呼びかけで始めた「うつぎ」が今回で一二号になりました。忙しかったこの一年を振り返ると多くの方々との出会いがありました。このような運動の経験がまるでなかった私にとって、教えられることの多い毎日です。周囲の人たちが核燃をどう考えているのかわからないまま、おそるおそる手渡しして歩いた最初のころ、受け取ってくださった方々も無表情でした。反応がなく不安なまま三回、四回と回を重ねていくうちに、少しずつ核燃の問題を話し合えるようになりました。安全協定が結ばれてから「私も核燃は反対なんだけど、表に出て反対できない」と声をかけてくれる人が増えています。テレビに映るのは困る、反対派とレッテルを貼られたくない、などいろいろな理由があるのでしょう。「まだ間に合うのか」と昨日も尋ねた人がいます。こういう声を聞くたびに事業者側のＰＲではないこのミニコミ誌を続けていかなければならないと思います。

いつも印刷でお世話になるＮさん、こころよく原稿を書いてくださったＴさん、そのほかたくさんの方々に支えられて一年間発行を続けることができました。皆さんの暖かいご支援

——を、スタッフ一同心から感謝しております。これからもどうぞよろしくお願いいたします。

そのあとも、反対運動は続きます。

★一九九二年一一月一〇日発行　「うつぎ」第二四号
ホンネで語ろう　わが村

『まだ間に合う』というのが村に住んで反対運動をしている私たちの合い言葉です。村の中で思いを同じくする人たちの連帯を目指して発行された「うつぎ」も今月で二四号になりました。三年目をむかえるにあたり、日ごろ取材に飛び回っているスタッフのホンネを話し合ってみました。

〈スキだから運動している？〉

A　どうしようもないくらい忙しい時間をなんとかやりくりして抗議行動にいっているのに「そういうことするのがスキなんだね」と村の人に言われることがある。

B　ほんとに腹がたつよね。スキだからではなく、やむにやまれずやっているのに。

C　私だってこんなことしたくない。自分のことに専念したい。もっと暇な人にやってもらいたいと思う。

B　核燃は危険だ、反対だという人でも具体的に行動しようとしない。そんな中で表に立っている人たちの負担は大きすぎる。不都合なところでなければ反対運動をしてほしい。

C　でもやっぱり不都合があるから出ないんじゃないか？

A　まわりの目を気にしているのでは？　一人だけ反対意見を言って目立ちたくないという。

B　自分は反対でも、村の有力者、お金持ちに迎合してしまう人が多いよね。

C　有力者が賛成といえば賛成。反対といえば反対。あえてたてつくことはしない。

A　そうそう。だからトップを落とせばみんなころぶから、原燃もそこを狙ってくる。

C　血族の結びつきも非常に強い。これがくずれないと、賛成、反対のホンネが出てこないのでは。

A　私たちとしてはこれはどうしようもない。

B　でも、やっぱり村の中で不安に思っている人はいっぱいいるよね。賛成だと言っている人でも、本当はどうか知りたがっている。

A　反対だという人でも、批判してばかりで動かないというのが多すぎる。一人前のこと言うのなら、実際に体を動かしてほしい。被害者意識が強すぎる。

B　やっぱり言いたいことは、あまりにも情けない。自分の考えをしっかり持ってほしい。

C　ほんとだよね。誰の村なんだって言いたくなる。

〈村の反対運動を盛り上げるには〉

Ａ　事実はこうなのだということをわかってもらわなくては。大部分の人たちはなにかおかしいということはわかっているんだから。

Ｂ　言葉でいくら言っても限りがあるよね。たいていの人は行動で人を判断している。日常の行動を通して、反対している人たちへ信頼が高まっていってくれれば。

Ａ　特効薬はないよね。

Ｃ　とにかく、今は根を張る時期だと思う。

Ｂ　具体的に「うつぎ」としてはどうやっていこうか？

Ａ　村内の読者を増やさなければ。勧誘に歩いているヒマがなかなかないけど、今年はそれをやりたい。

Ｃ　そうだね。村の中でこういう意見があるということを広めたい。最初の私たちの意図は、村の中で反対していることは決して孤立したことではない、こんなにたくさん反対している人がいると伝えるためだったから。

Ｂ　初心に戻るということだね。

「花とハーブの里」設立と「牛小舎」

六ヶ所村にUターンしてきた当初、私たち家族は無農薬野菜を作り、それを宅配して生計を立てようと考えていました。ところが生協や無農薬野菜の購入グループに、私たちの野菜を扱ってくれないかと申し込んでみると、軒並み断られてしまったのです。「六ヶ所村では安全な食べ物はできない」と。

まだ放射能は持ち込まれておらず、原子力発電所さえなかったころ。悔しかったけれどどうしようもありません。

何かここでできる仕事はないかと考え、六ヶ所村は強い風がいつも吹いていることに気づきました。風力発電の適地かもしれない。そして連想ゲームのように、風力発電→風車→オランダ→チューリップ。そうだ、チューリップがいいかもしれない。若者にはちょっとおしゃれにハーブも。一年に一度だけの「チューリップまつり」なら、反対運動をする時間もとれるはず。

こうして一九九三年、自宅の敷地に連なる農園「花とハーブの里」が生まれました。

「チューリップまつり」とは、年一回、約一〇日間、「花とハーブの里」で、五月の花の咲く時期にあわせて、約七〇アールの畑一面を彩るチューリップやヒヤシンス、サクラソウなど、約六〇種六万本の花々を、自然の中で、ゆっくりと来園者に楽しんでいただく催しです。チューリップ、ヒヤシンスの掘り上げや、切り花、ハーブの苗などを販売し、ライブなどのイベントやフリーマーケット、軽食喫茶などもあります。

無農薬でのチューリップ栽培をめざし、何年も試行錯誤を続けました。ＥＭ菌を使ってボカシ肥を作ったり、土壌改良に砕いた炭を入れたりと努力しましたが、どうしても充実した球根ができません。あるときは収穫した球根をほとんど腐らせてしまい、あきらめて土に埋めたところ、翌年にそこから立派な花が咲いたこともあります。可憐なチューリップですが、仲間の死を栄養にして花を咲かせるしたたかさもあることに驚きました。

たくさんの方々の善意に支えられて続いてきたチューリップまつりは、反核燃の希望ともいえる大切な仕事でしたが、農業経営としては落第でした。一度だけ黒字になった年もありますが、いつも赤字でした。無農薬で育てているので、見えないところで手間がかかりすぎるのです。

子どもたちに安全な野菜を食べさせたくて畑をはじめた私は、チューリップをおもな作物にした後も地球を汚してしまうのがこわくて、畑に農薬をまくことができなかったのです。

一九九四年から始めたチューリップまつりは、この地域の定例行事として定着してきました。近年ではおよそ二千人から三千人の方が訪れて下さるようになっています。

あるとき十和田市の病院で、「六ヶ所村というと、いつも核燃の村だねといわれていたけど、このごろはチューリップの村だねといわれるようになった。そのほうが気分がいいよ」と地元の女性がいってくれたことがあります。うれしい言葉です。

帰郷して五年目からは「チューリップまつり」での売り上げがおもな収入源でしたが、その収

入のほとんどは翌年のチューリップまつりの開催にあてました

「女たちのキャンプ」で、テントを台風に吹き飛ばされ、何人もの女性が体をこわした話は先にふれましたが、その昔、陸の孤島ともいわれた六ヶ所村は、最寄りの野辺地駅からも遠く離れており、交通手段も少なく、当時はよそから反対運動に来る人たちを泊めてくれる旅館もほとんどありませんでした。反対運動を続けるために、雨風をしのげる宿泊場所がすぐにも必要でした。

そこで、空いていた両親の家の牛舎を改修して、一九九三年に「牛小舎《うしごや》」を開設。写真家の島田恵さんと私の二人で二階に残っていた干し草の大きな重いロールを押しだして掃除をし、Tさんには電気の配線を、野辺地のSさんに窓枠を、Iさんや八戸のOさんはトイレや外壁を、と、たくさんの方々に改造作業をしていただき、とりあえず雨風をしのげる簡易宿泊所ができたのです。布団や鍋、食器など、全国から生活用品が届きました。

団結小屋として「牛小舎」が、その維持と生計の手段として「花とハーブの里」が、こうして生まれたのです。

花とハーブの里入り口の看板（2009年８月）

機動隊と対決するアクションの多かった創設時は、ノンアルコール、ノンドラッグ、ノンバイオレンスが宿泊時の決まり。それからは六ヶ所村の団結小屋として大いに活用されました。

情報誌「うつぎ」より（2）

再び「うつぎ」から、その後の出来事を追ってみます。

当時、村に住んでいたTさんは、六ヶ所村の農産物、海産物を全国に発送する仕事をしていました。以下はそのTさんの手伝いに来たKさんの寄稿です。

★一九九四年一二月一〇日発行　「うつぎ」第四九号

産直日雇い奮戦記

昨年から関わっている産直の会の手伝いに今年もやってきた。本当は春の山菜採りの時期に来るはずだったのに社長（Tさん）の期待を見事に裏切って冬季からの参上となりました。一〇月三〇日、高レベルの反対集会とデモが青森市であり、その日から六ヶ所入りし、牛小舎に泊まり、次の日からさっそく仕事となりました。

冬季のメインはやはりサケの加工。昨年産直の発送をやってくれたペリカン便のM氏が今年から仲買をやっているので、彼を通して買い付けます。サケは天気や漁獲量・セリ値など条件が良かったときに村内一の漁港・泊で買い付け、浜ですぐさばきます。泊のカッチャにやり方を教えてもらい、なれない私たちも汗や涙はないけれど、血まみれになりながら、サケと格闘します。メスザケは腹を裂きイクラをとり、三枚におろし、切り身にして粕漬けにします。この時に出たアラは自分たちでも使い切れなかった。オスザケは内蔵をとって塩漬け（一週間～一〇日くらい）して、海水で洗ってから寒風干し（一日か二日）をします。こうしてできたのが新巻ジャケ。海水でサケを洗う時は波が高いとやりにくくて、一度は足がずぶぬれになってしまった。ビニールハウスの骨組みの中に支柱を立てシートを上からかぶせ、カラスの害を避けるため網でまわりを囲みます。

大変なのがイクラほぐし。塩水につけてあるイクラを一つ一つ指でほぐしていく。これが神経を使う仕事で丸一日はかかる。私はイクラ酔いして頭がフラフラになってしまった。気温が高めで少し時間がかかったせいか、つぶれたイクラがけっこうあった。これは一番の反省点だ。やはり生ものはむずかしい。粕漬けのつかり具合や塩加減もまだ私には良くわからない。まだまだですね。

豆類に関しては商品用とそうでないのに分別するのに時間がかかった。特に小豆は今年、出来が悪く、粒が小さいのでこれまた根気がいる仕事。ノリのいい音楽を聴いたり、たまに歌を歌ったりして気分転換した。私たちの仕事を見かねた東北町（隣町）のA氏が自宅で豆の選別法を教えてくれて、一同納得。

長イモの箱詰めは、酪農家のN氏の倉庫を借りて作業をした。イモを折らないよう、なるべくカットしないように注意した。

産直の仕事ではないが、一一月の末にN氏の畑でダイコンの収穫があり、手伝い（アルバイト）に行った。一家総出で近所の出面のお母さん方も来て和気あいあいと仕事ができて面白かった。規格外のダイコンがたくさん出るので、みやげにもらってきた。隣接農漁業者の会の代表でもあるA氏は元気で面白い人だ。産直の会の長イモも彼の畑で作ってもらっている。マキ用の丸太もたくさん持ってきてくれた。

産直の会の手伝いには個性的な人が集まり、お互い刺激を受けています。多いときで七～八人くらいがかわるがわる働いています。産直の会で働いて六ヶ所の良さを味わってみませんか。今は仕事のピークを過ぎてもう一息のところ。今後もまだ続くので一度体験してみてください。

追記…産直の会の助っ人は牛小舎に泊まることが多いのだけど、牛小舎にいると小屋の改修や菊川さんの畑の手伝い、署名集め、その他いろいろやる事があるので、親方・手配師の指示を待つ日雇い、下請け労働者が飯場に住んでいるような気になる時もあるけれど、それもまた良し。今年の七月に牛小舎の住人になった雲水のJ氏がこまごまと世話をしてくれます。ここはステキな魅力ある飯場ですよ。

北海道・ＹＫ

同じ号に載った「ホンネで語ろう　我が村」は、住民の声を拾っています。

Q　結婚して六ヶ所に来て一〇年だそうですが、村の印象はどうでしたか？

A　うーん、まあ、私、都会育ちだから、最初はとにかく言葉に慣れるのに苦労した。でも、慣れればみな親切だものね。ちょっと寄れば、ハァ、お茶っこ飲んでいけってね。まんま食ったかってみな聞くでしょ。食っても食わなくても、ハァ、まんま食ってけって。ハァー、都会にない良さだなーって思ったよね。

Q　核燃や開発のことは知ってましたか？

A　んー、まぁ、だんなから聞いてはいたからね。でもどんなもんだかは何も知らなかった。ハァ、ここさ来ても結婚した最初だもの。なんもそったらの勉強する暇もなかった。しても、ホラ、あの当時、泊のお母ちゃんたちが、反対だってね。あの反対運動さみるようになってからは、やっぱりおかしなもの来るんでないかなーって思うようになったのよ。

やっぱり子どものことが一番心配でしょ。今の大人たちが、これ受け入れてよ、今はいいかもわかんないけど、将来被害が出たらどうなるんだべかって。それみな子どもたちに行くわけでしょ。カネ、カネって大人たちは金の亡者みたいになって、結局は子どもたちさツケが行くんだもの。それ、大人たちの責任でしょ。

Q　これからどんな村になって欲しいですか？

A　んー、私は田舎、とっても好きなの。子どもたちもここで一緒に暮らして欲しいと思っている。まずはここの自然を大切にして欲しい。山菜採ったり、キノコ採ったり、海さ遊びに行ったり。ウチのだんなは釣りが好きなの。何の心配もなく暮らしたい。核燃だか放射能だか、そったらもの気にして生活したくないの。だからこんなもの六ヶ所さ来てほしくない。

毎日のようにある抗議行動や申し入れ。連戦連敗のその様子を詳細に報告する記事はどう見ても暗く、救いのない気分が漂っています。「体に悪いからもう読みたくない。止めてくれ」という定期購読者が何人か出てきたころ。無理もありません。書いた本人の私がいま読み返しても、鬱々としてくるのですから。本当に申し訳ないことをしていたんだなと思います。

五年目には、新住民のみんなに疲れが見え始めます。

★一九九五年一月一〇日発行　「うつぎ」第五〇号
言いたい放題新春スタッフ対談

明けましておめでとうございます。うつぎスタッフ四人が、一年を振り返って率直に話し合う恒例の言いたい放題。猪年ではありますが、進んでいくばかりの核燃サイクルに立ち向かうには、猪突猛進だけでは続かないようです。のびやかにしなやかに、運動を続けるうつぎのスタッフを、今年もどうぞよろしくお願い申し上げます。

（……中略……）

〈高レベル廃棄物貯蔵施設の安全協定締結の翌日〉

A　昨日も締結の時、みんなそこにいたんだけど、どうだった？

C　なんかまだ言葉にできるほど、感情が整理されてないっていうか、口惜しいとか悲しいとか、いろいろあるんだけど言葉になんて表していいんだか。

D　やっぱ締結抗議のなんか、抗議っていうより阻止の動きができなかったかって思うよね。

C　私は日も浅いから楽観的でどうしようもないかもしれないけれど、でも、逆に勇気づけられたんだよね。村の中でこれだけイヤだって思ってる人が一緒に暮らしてるっていうことが。実働部隊にならなくてもイヤだって言えるだけでもいいと思うし、そのための働きかけって大切だと思う。

A　確かにアンケートでも署名でも、こちらが働きかければそれだけの反応は返ってくる。そのための継続した運動ってすごく大切だし、これからも続けていきたいのね。でも、イヤだというその意識が議員を変えるところまで行かなければしようがないと思うのよね。それはあの議会ですごく感じた。公式の場で議論ができないというのは致命的な傷手だと思う。絶対少数でもいいから、反対側の理論武装というか、それをやらなければと思った。

B　理論武装というか、討議の場だよね。それを確保するっていうかさ。

C　反対意見を述べる場を作りたいよね。

A　それは絶対必要だと思うの。

B　それは私も本当にそう思った。

A　今年の反省というのは？

D　一番の反省は、チューリップを腐らせてしまったことだね。

C　夏以降は高レベルのことでずっと忙しくしていたからね。

D　自主アンケートとか、キャラバンとか、ウランの搬入、低レベルの搬入、濃縮ウランの搬出、署名だとか。

A　なんかずっと忙しくて、昨日もあったし明日もあるんだけど、そうやって動いていて、どうですか？　充実していたのか、空しいというか。

C　私はわりとそんな、自分のペースでというか、妊娠してしまったし、子どもも小さいし、ねぇ。忙しかったけど、アンケートや署名で村の人と話せたというのが、すごくよかった。それまでなかなかホンネの部分というか、声を聞く機会もなかったし。

D　やっぱり、なんか大きな節目節目っていうのが、あったんだと思う。チューリップとキャラバンと、それから私の中では高レベルのキャスクっていうの、あれがすごく、あ、ここまで来たんだなって具体的な形として見せられたっていう感じがしたね。キャスク自体が文明の棺桶なんだってピーンと感じたけど、それでいながら、それが怖いものなんだって実感が湧かないんだよね。当たり前だよね、目の前でバタバタ死んでいく訳じゃないんだから。でも、ほんとはすごく危険なもののはずなんだし、なんか、実感とかけ離れたことが目の前で行われているっていうことがすごいショックだったね。それでやっぱり、無力感っていうか、絶望を感じましたね。それで今回の締結でしょ。今の私にとってのキーワードって何かっていうと、無力感っていうか、それを超えるものは何かっていうこと、それを超えないと、これからやっていくのは難しいと思いますね。

B　やっぱしその、高レベルの締結にあたっては、無力感というかあきらめがすごくあって、結局はおっきい巨大な権力にはかなわないのかなって（……中略……）それは着工のときからだけど、結局はスケジュールどおりに、多少遅れているけど、やられているし、結局金と力のある者にはかなわないんじゃないかとかっていうのが、いっつもいっつもどっかにあるんだよね。いっつもあるんだけど、それをどうやって克服していくかっていうのがすっごい大きなテーマで、そのことがむしろ向こう側の狙いなんじゃないかってね。あきらめてしまえばさ、一番いいわけだよね、向こうにとっては。だから、これだけの急ピッチでやってさ、あきらめさせるっていうことをどこでもやってきたんだよね。原発現地でも六ヶ所でもさ。民主的なやり方なんかしないのさ。彼らが民主的だったら、絶対こんなに早くは進まないと思う。そして、住民をあきらめさせて、無力にさせて、もう反対しても駄目なんだって思わせて、そうやってきたんだよね。それにどうやって立ち向かっていくかっていうのが、反対している人たちのすごく大きなテーマだって思う。

行動に移すってこともすごく大事なんだけど、それと同じくらい、無力感にどうやってこう、それを癒やして次につなげていくかっていうのが、住民運動にとってすごく大きなテーマだと思うの。わりとそこはなおざりにされてきたところがあってさ、とにかく目前の敵に向かって行動を起こしていくっていうのが、反対運動だって思われてきたけど、それがすごく大事だと思う。

で、締結はすっごく私にとって大事で、無力感を感じていた。それと、警備の人の無表情っていうのが、すごく辛かった。低レベルの搬入の時でも、お巡りさんなんかはわりとべらべらしゃべるんだよね。でも、警備の人は何を話しかけてもじっとしているだけでさ、ああいうのって地元の人なんだよね。何も感じないようにしてるっていうのが。そうでないと辛いよね。それをすごく感じた一年でした。

A 私はいろんなことやって、腹が立ったことも口惜しかったこともたくさんあるけど、やっぱり最近ではキャスクの搬入訓練を見ててね、なんか、なぜそれがこんなに沢山の人がおめでたく集まってきて祝えるんだろうって。搬入訓練と一緒にそれを祝っている人たちがいるっていうことがね、すごく、なんていうか、絶望感とまではいかないけど、もう何をやっても無駄なんじゃないかと思うくらい。あの時、別の時だったかもしれないけど、私たちが抗議行動をしていたとき、高レベル廃棄物のね、陸揚げするクレーンを溶接する人たちが、柵のすぐ向こう側にいて、その人たちが、ほんとに日常的な仕事としてそれをやっているんだけど、私たちを笑いながら見ていたり。それで、濃縮ウランの搬出の時なんかも、港の中では釣りをしている人たちがいるのよね。釣りを楽しんでいる。ほんとに無関心なんだなっていうのが、わかるんだよね。だから、それがすごく口惜しかったというか、伝えられないっていうことが。

もう一つ、反対運動をしている人たちの中で意見が違って割れていってしまうということがね、熱心になればなるだけ批判したりということがね。反対運動している人たちも聖人君子ばかりじゃないし、人間なんだから、そういうのもあって当然だとは思うけど、なんかすごく浅ましく思えたりして、なんか、なんでこんなこと言われながらやっているんだろうって思うことが、それが敵の側から言われるんならまだいいわよね。仲間内から言われるのがすごくこたえるし、それがすごく辛かったというか、口惜しかった。

〈新年の抱負を〉

C　まったくプライベートなことだけど、まず無事に二人目を産みたいと。あとは村の人ともっとつながっていきたい。

A　もっといろんなところでいろいろな人とつながっていきたい。

B　反対運動の事務所っていうか、もっとうまいこと廻っていけるようなそういう体制作りをして行けたらなと思う。

D　当面、大下〔由美子〕さんの選挙〔県知事選〕だけど、そのあと村議選があるね。あと、牛小舎をもっともっと充実させて、活用したいっていうのが、私の中にあるね。反原発だけじゃなくて、いろんな市民運動家と交流したいっていうのもあるし、料理教室なんかもやりたい。あと、モミモミとか。

C　身体ほぐし、ね。

D　そういうことができたらいいなと。

（……中略……）

B　今年一年間の動きは、まず一月には県知事選の告示があるでしょ、二月に投票。二月末にフランスから高レベルの船が出航。で、そのころ私たちはアメリカの国際会議に出てて、ヨーロッパを回って帰ってくる。二月はトトロ作戦もある。

D　四月は搬入があるべ。

A　だから、高レベルの搬入に続いて県議選、村議選、低レベル、チューリップまつりと。また怒涛のような嵐が続きますけど、よろしく。

D　六月以降は？

A　これまでの流れでいくんじゃないかしら。毎月低レベルは入ってくるし、ウランも年五～六回は運ばれるし、搬出もあるし。それに高レベルも入る。あ、来年は中レベルと低レベルの返還廃棄物が協定結ばれると思うけど。あと、使用済み燃料プールの安全協定も。

D　高レベルっちゃ大きいよな。

A　MOX燃料加工工場とか核融合炉の施設の誘致とか、そういうことも問題になってくるよね。

D　なに？　それ。

A　来年も、いえ、今年も盛りだくさんな、ま、ますます燃えていかなければならないのではないでしょうか。

D　どうするの？　連戦連敗じゃん。

一九九五年二月一〇日発行・第五一号の一面では、「知事選投票率62・19%　大下由美子さん〔核燃反対派〕、惜敗――青い森の国づくりなる夢あれば――」、同年三月一〇日発行・第五二号は「沿岸諸国から抗議相次ぐ　高レベル廃棄物運搬船　仏出港　むつ小川原港でダイ・イン」、同年五月一〇日発行・第五四号では「死の灰との共存、いつまで　返還高レベル廃棄物、一日遅れで搬入　機動隊一二〇〇人、港で厳戒体勢」、同年六月一〇日発行・第五五号は「真上を戦闘爆撃機が飛行訓練　六フッ化ウラン搬入続く　検問・白バイなく警備手薄に」。

この日に抗議行動に集まったのは、五人だけでした。

同じ号に「風来坊」さんのエッセーも載っています。シビアな記事の最後に、「風来坊」氏のエッセーが、中島みゆきの「イントロ」で始まり、八方破れの言いたい放題で笑わせて終わる、そんなスタイルが次第に定着してきました。

6月9日はイチゴ記念日なの

地上に悲しみが尽きる日は無くても
地上に憎しみが尽きる日は無くても
それに優《まさ》る笑顔が
ひとつ多くあればいい
君をただ笑わせて
負けるなと願うだけ
——中島みゆき——
〔「泣かないでアマテラス」より〕

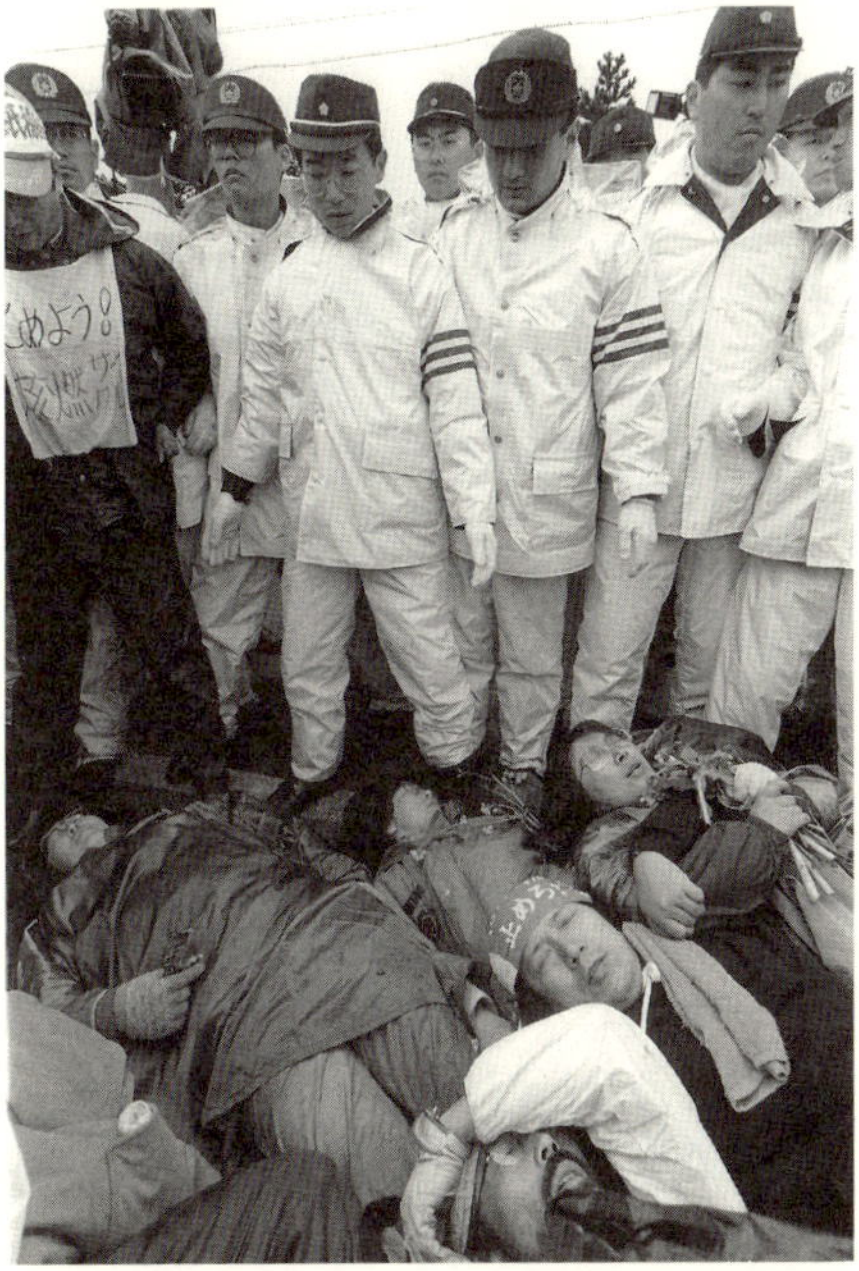

1995年４月、高レベル放射性廃棄物の初搬入時の抗議行動でのダイ・イン（写真：島田 恵）

いつの間にかすっかり日が長くなってきました。明け方の三時半にははやほんのりとうす明かり。

高レベルだチューリップまつり会合だといっている間に春から初夏へ、各種野菜は種まき季節。「高レベル廃棄物はいらない　菜の花キャンプ症候群《シンドローム》」に浸る暇もなく、続いて「核燃に頼らない村作り　花とハーブの里プロジェクト　チューリップまつり」が終わってグッタリしてる間もあらばこそ、気づいてみるとハコベイタドリツユクサシバクサ、その他くさぐさの草たち生い茂り、これではチューリップまつりが負けてしまうと草取り宣言。ご近所からいただいた稲の苗、かくしてこたびはにわか仕立ての見習い農夫。ハイテクだのシミュレーションだのバーチャルリアリティー（仮想現実）だのとワケのわからないカタカナばやりの世の中で、明け方四時から畑に出て、朝は朝星夜は夜星、おまえは輝く六ヶ所の星になるんだ星ヒューマ、思い込んだら試練の道を、行くが女のド根性、あなたのために守り通した男の操（みさお）、あなた好みのあなた好みの男になりたいなーんつって（かねてよりあまたの歌詞の男と女をとっかえて歌ってみるととってもウフフ、バカバカしくってやめらんない、お試しアレ）、いっせいに咲き競い啼き交わす花々や鳥たちに囲まれながらも直射日光はお肌の大敵、麦わら帽にほっかむり、しっかり農村ルックのスキンケア、はいつくばってはいつくばっていったい何を探しているのかボクってナーニ？　「アァッ！」「ウゥッ！」と短い呻き声、腰が痛い背中が重い。

そうそう律儀に推進側のお付き合いもしてられず、晴れときどきうつジョータイだって、
そりゃあるわさ誰だって、腰は痛いし背中は重い、そんな折り、畑に真っ赤なイチゴさん。
思わず愛らしい唇で「いやーうめーってばー」とボクが言ったから　六月九日はイチゴ
記念日　放射能未検出　――ぽち
（……中略……）

♪生きている鳥（魚）たちが　生きて飛び回る（泳ぎ回る）空（川）をあなたに残してお
いて　やれるだろうか　母さんは～

大成功のチューリップまつりのアト畑で軽いご苦労さん会の乾杯で珍しく菊さんが歌った歌の詞は、多くの父さんにとっても坊さんにとっても、切実な歌だと思うのでありました。

潮かほる　北の浜辺の砂山の　かの浜薔薇《はまなす》よ　今年も咲けるや　――啄木

毎回一週間は部屋に閉じこもり呻吟して生まれる傑作エッセーですが、あまりの「迷文」に編集する私も疲れ果て、全部読まずに印刷することもたびたび。しかし、この力作には固定ファンも多く「最後に笑ってようやくほっとします」というハガキをいただくこともありました。

「風来坊」こと福沢定岳さんは、三沢市にご自宅のある曹洞宗のお坊さんです。「牛小舎」の管理人として一九九四年から一三年間住み込み、反対運動とともに畑の管理もしてくださいました。私が夫と別居し、六ヶ所村に住む新住民も一人、二人といなくなった心細い時期も、反対運動をなんとか続けて来られたのは、子どもたちと福沢さんがいてくださったからだと思います。何よりうれしかったのは、英語で日常会話ができる才能でした。それまで一度も入ったことがない温泉が大好きになったのも、温泉好きの福沢さんの影響です。

いまは「牛小舎」管理人を引退してご自宅に戻り、悠々自適の毎日を過ごしておられますが、チューリップまつりなどの大きな行事がある時には、万障繰り合わせて駆けつけてくださる頼もしいお坊さんです。

そして、第九九号では次のように報じています。

★二〇〇〇年一一月一〇日発行 「うつぎ」第九九号

使用済み核燃料プールの安全協定締結！ 12／19にも本格搬入開始か？

一〇月一二日、六ヶ所再処理工場へ原発の使用済み核燃料を搬入する前提となる安全協定が締結された。この協定締結により、早ければ年内にも全国の原発から使用済み燃料の搬入が始まり、二〇〇五年七月の再処理工場本格操業までに、一六〇〇トンが運び込まれることになる。協定締結に反対し、六ヶ所村や県内から集まった人々約一二〇人が、県庁周辺で相次いで抗議集会を開いた。

調印は青森市のホテル青森で行われ、木村守男知事、橋本寿六ヶ所村長、竹内哲夫日本原燃社長の協定当事者と立会人の太田宏次電気事業連合会会長が署名したという。

この調印に先立ち、県反核実行委員会と核燃料廃棄物搬入阻止実行委員会の呼びかけで、県庁前で約一時間の抗議集会が開かれた。六ヶ所村や県内から約一二〇人が参加した。冷たい風が吹き荒れていた。のぼり旗や大漁旗がひるがえり、横断幕が風をはらんで飛ばされそうになる。反核実行委から今村修さん、阻止実行委から平野良一さんがそれぞれあいさつ。県会議員の渡辺・鹿内両議員が議会報告をした後、集会アピールを採択。その後、シュプレヒコールを繰り返して散会した。

そのあと、二十数人が昼食をはさんで二時四〇分にホテル青森前に集合。調印式が終わるまで抗議を行った。

横断幕を街路樹やホテルの植え込みに結びつけて、ハンドマイクでかわるがわるスピーチをした。ホテルの中にいる木村知事や橋本村長に呼びかける人が多かった。「やめてください。聞こえませんか。締結だけはやめてほしい。これが心からの願いです」、「六ヶ所村長、橋本寿、ハンコつくのやめてください。私たちはお金はないけど、貧しい暮らしはしていません。おいしい物を食べ、おいしい空気を吸って、のんびりゆっくり生きているのが青森県人です。危険と引き替えのお金なんかいりません。ハンコつくの、やめてください」

ホテルの周りを労組の街宣車が何度も廻ってきて心強い。中にいる知事や村長に、この切実な声は届いただろうか。寒風の中、怒りと寒さに震えながら、私たちはただ立ち尽くしていた。

〈協定締結その後〉

使用済み燃料の安全協定が締結された直後から、核燃を巡る動きが東奥日報の一面に大きく報道されるようになった。これまで公表を控えていたものが、締結というハードルを飛び越えたおかげで堂々と発表できるという感じで、腹立たしい限りだ。一連の報道は次の通り。

◎一〇月一五日　仏での再処理再開へ／電力一〇社はCOGEMA〔フランス核燃料公社〕に新たに六〇〇トンの核燃料の再処理を委託、来春までに契約締結を目指す。日本原燃は、六ヶ所再処理工場の運転の中核となる職員約七〇人を研修のためにCOGEMAに派遣し、二〇〇五年の操業開始までに運転実務の技術を習得させる。その訓練の際に必要な使用済み核燃料を提供する名目で契約する。／海外再処理の契約分をすべて搬出済みの電力各社は、新たな契約については「当面考えていない」としていた。

◎一〇月一九日　高レベル廃棄物・最終処分の実施主体発足　「原子力発電環境整備機構」

◎一一月一日　MOX燃料加工事業に原燃副社長が強い意欲／福島原発　プルサーマル計画の前倒し検討

◎一一月二日　原燃が核燃料サイクル開発機構と技術提携し、敷地内にウラン濃縮技術開発センターを設置
◎一一月三日　原燃マシナリー（前ウラン濃縮機器）、一八〇人の社員を来年三月までに二〇～三〇人に縮小
◎一一月一〇日　ウラン廃棄物、二〇三〇年までに五六万本発生。核燃施設の立地協力要請の中に含まれるかどうか、今後問題になりそう
◎一一月二一日　核燃料貯蔵プールの冷却ポンプ一時停止
◎一一月二六日　ＩＴＥＲ（国際熱核融合実験炉）安全規制　立地基準を原発並みにと科学技術庁
◎一一月二九日　むつ小川原開発地域に火力発電所　二〇〇九年稼働予定

そして、二九日の三面にはさらに次の記事が載った。
◎むつ市長が東京電力に、使用済み核燃料中間貯蔵施設の立地可能性調査を文書で要請
◎隣接六市町村が原燃に使用済み核燃料プールの安全協定締結申し入れ
◎六ヶ所村周辺一六市町村が知事に核燃税の定率配分を申し入れ
◎むつ小川原開発地域に国内最大の風力発電基地着工　二〇〇三年運転開始予定

むつ小川原開発地域には、まだ一四五〇ヘクタールの未売却用地が残る。クリスタルバレイ構想〔むつ小川原開発地域にIT関連等の工場を誘致する青森県の計画〕のモデル工場、風力発電会社に続いて、火力発電所まで進出しそうだ。この次は何が来るのか。六ヶ所村以外の場所なら強硬な反対運動の対象になりそうな液晶産業や火力発電所などの環境汚染企業も、この村では歓迎される。この地域に住む以上、何もかもに反対することはできないが、自分の良心や倫理観と折り合いをつけるのも難しくなりそうだ。

「原発を休止させるより、再処理工場を稼働させた方が経済的な損失は少ない」とのコメントを読んで愕然とした。使用済み核燃料を搬出するために再処理する。電力会社の本音＊であろう。利潤だけを追求する彼らと、話し合う余地はあるのだろうか。再処理工場を操業させないために、私たちは全力を尽くさなければならない。

そしてこの一〇月、長年にわたり原子力資料情報室の代表をつとめ、反原発運動の先頭に立ちつづけた市民科学者の高木仁三郎さんと、原発労働者として日本で初めて被ばく労働による健康

＊電力会社の本音＝日本の各原発では使用済み核燃料をそれぞれの敷地内に保管しているが、その収容力はすでに限界に来ているという。この核のゴミをどこかへ運び出さなければ、やがて原発を止めざるをえなくなり、そうなれば電力会社は大きな損害を被ることになる。「核燃サイクル」という“エネルギーのリサイクル”はタテマエにすぎず、使用済み核燃料の搬出先を確保するために、再処理工場に早く稼働してもらわなければ困る、というのが電力会社の本音ではないかと言われている。

被害を裁判に訴えて闘い、原発労働者たちの実態を世に問うさきがけとなった岩佐嘉寿幸さんの訃報が入ったのです。

チューリップの植え付けに来て下さっていた高木学校（「市民科学者」の育成をめざして高木仁三郎氏らによって設立された市民学校）のお二人と、黙祷したことを思い出します。

二〇〇〇年一二月発行の一〇〇号で「反核燃情報誌」としての「うつぎ」を終え、新たに「花とハーブの里通信」とタイトルを代えて、六ヶ所村発の生活情報を伝える情報誌として季刊で、のちに不定期に年三～四回、発行することにしました。

機動隊と対峙することもなくなり、核燃城下町になってしまった六ヶ所村で、放射能汚染を恐れながらどう暮らしていくのか、伝えていきたいと思ったからです。

Ⅳ　運動と家族と

父と母との最期の時間

私が帰郷したころ、実家では母が長年一人暮らしをしていました。祖父が亡くなったあと、父は通年の出稼ぎをするようになり、母は一人で牛の世話をしていました。土地を売ったお金は、家の新築費と弟の学費等に消えていたようです。その後、母は網膜剝離で目が不自由になり、牛も畑もやめて身体障害者手帳をもらい、病院通いをしていました。

弘前に下宿している娘をのぞいた私たち一家四人が同居してから、母にとってはずいぶん勝手が違ったようです。元気に遊び回る息子たちにとまどい、「自分の家のようでない」とぐちもこぼしていました。いま思えば認知症の始まりだったのでしょう。

帰郷してから一年後、父が出稼ぎをやめて帰ってきてから、父に対して子どものイジメのような異常な振る舞いが多くなりました。見かねて口出しをすると、泣いたりわめいたりする騒ぎになります。何もいわなければ父は黙ってされるままになっており、そのうち騒ぎは収まります。

実家の土地を借りて農業をしていましたが、これでは落ち着かず、すぐ近くに空き家を借りて、また家族四人で引っ越しをしました。

反対運動を始めてから、核燃施設への六フッ化ウランの搬入や低レベル廃棄物の搬入などがあるたびに、数日前から我が家の周りを公安警察や地元警察の覆面パトカーが巡回するようになりました。小さな集落なのでそこの住民が所有していない車はとても目立ちます。夜になると父が、「いま警察の車がそっちに行ったぞ。気をつけろよ」とたびたび電話してきました。気をつけろといわれても、何もしていないのですからどうしようもなかったのですが。臆病だと思っていた父が本当は反骨精神にあふれ、何かと協力してくれたのはうれしい驚きでした。

六ヶ所村に帰って数年たったころ、父が村の健康診断で胃がんの初期と診断されました。手術をしないで自然療法で治したいという姉の言葉で、父は千葉で共働きをしている姉夫婦の家に同居し、自然療法を試みました。六ヶ所村の実家では父が認知症初期の母の面倒を見ていたので、自宅では療養ができなかったのです。

父が千葉に行ってからは近くに家を借りていた私が、反対運動や農作業、子育ての合間に母の面倒もみるようになりました。被害妄想も進んでいた時期だったので、食事や洗濯などの家事をしていても汚い言葉で罵られ、愕然とすることもたびたびでした。

父が落ち着いてから姉は母も引き取り、同じ自然療法をさせました。姉に面倒をみてもらったこの数年間は、父と母にとって生涯で一番幸せな時期だったようです。姉の家にはいまでもこのころに撮った笑顔の二人の写真が飾ってあります。

しかし、姉夫婦の努力にもかかわらず自然療法は効果がなく、数年後に父はがんの末期になって、母とともに六ヶ所の家に帰宅し、一カ月後に野辺地病院に入院しました。

私は、父が入院してその介護に時間をとられ、ショックからいっそう認知症が進んだ母の世話をするゆとりもなく、姉と相談して、今度は札幌にいる妹夫婦の家に母を預かってもらうことにしました。妹には私の子どもと同じ年ごろの子どもが二人いますが、妹にも子どもにも統合失調症という重い障がいがあります。手のかかる母の世話は大変なのですが、どうしようもなく、無理に頼んでしまいました。

農作業が終わり子どもの食事を作ってから父の病院に行くようにしていましたが、いつも一時間ぐらいしか父のそばにいる体力がありません。最後に父は苦しさに我慢できなくなったのでしょう。「もっと来てくれないと困る」と強い口調でいいました。切ない思いでしたが、反対運動や農作業、家事などの時間も削るわけにはいかず、最後まで終日の付き添いをしてあげられなかったことをいまでも後悔しています。

病院に入院した半年後に、父は亡くなりました。

父の葬儀の日にも私が呼びかけた会議があり、来客がありました。会議は延期してもらいましたが、父の死を悼む時間はなく、通夜の日にもチューリップの植え付けの段取りを指図していたのです。

夜、一人になってようやく涙を流しました。本当に親不孝な娘だったと思います。

父の弟はナザレン教会の牧師さんだったので、特別にお願いして父のお葬式をしていただきました。豊原ではじめてのキリスト教のお葬式です。私が反対運動に関わっていたせいか、近所づきあいが悪かったせいか、それとも部落で初めてのキリスト教の葬式だったせいなのか、部落の人々はお葬式に参加はしてくれましたが手を貸してくれる人もおらず、会議のために来た方や球根植えの手伝いに来てくださった方々に手伝ってもらい、葬儀を終えることができました。

叔父さんは老齢だったので、初めて会う従兄弟が二人付き添ってきてくれました。あわただしい葬儀に驚いたのではないかと思います。

母は花が好きだったので、毎年チューリップまつりを楽しみにしてくれました。まだ歩けたときには一〇日ほどのまつり期間中、毎日のように花の咲き具合を見に来たものです。

私が村に帰るまでは、むつ小川原開発の土地ブームに便乗して余分な畑や採草地を売ったり、村会議員から産業祭りの鮭のつかみ取り券をもらったりしていたのですが、私が反対運動に関わり始めてからはそんなちょっとした「利権」もなくなったようです。もちろんほめられることではないのですが、田舎の村ではごくふつうのことなのです。

ある日、話のついでに「(私の反対運動で)迷惑がかかっていない?」と聞いたら、「そりゃあいろいろあるよ。だけど、おまえもチューリップをつくるのに頑張っているんだから」といってくれました。偶然とはいえ、チューリップまつりをしていなかったら、母にここまで応援してもらうことはできなかったでしょう。母が植えていたサクラソウやコルチカムも季節ごとに植え替え、たくさん増やしました。いまではチューリップとともにまつりの主役になっています。

弱視で一級の障害者手帳をもらっていた母は、認知症も併発しており、父の死後、私が同居して介護していましたが、妄想が出るなど次第に症状が進み、歩行もおぼつかなくなったので、ヘルパーさんをお願いしたり、数年は老人保健施設などに短期で入所してもらったりしました。

症状が重くなり、介護保険施設などに長期で入院するようになると、一週間に一度は会いに行くようにしましたが、私の顔を見ると家に帰りたがって、なだめるのに苦労したものです。「〇日に迎えに来るから」と約束すると、「〇日は高レベルの船が来るとテレビで騒いでる。きっとだめだべさ」と疑うのです。

反対運動に時間をとられて自分の面倒を見てくれない、といつも不満をもっていたのでしょう。当たっているだけにつらい指摘でした。

何年もいろいろな施設を渡り歩き、ようやく終身老人施設に入って落ち着いた八カ月後、肺炎にかかり、野辺地病院に入院して母は亡くなりました。

最後の施設に入ってからは一週間に一度は母の部屋に行き、半日ぐらいを一緒に過ごすようにしていました。最後の入院の時にはもう言葉も出なくなり、会話らしい会話もできなくなっていたのですが。無表情な母の顔をながめ、手をさすりながら、母とのいろいろなことを思いました。

母の葬儀のあとしばらくは、ふとした拍子にいきなり涙が出てきて困ったものです。運転しているときにも涙で前が見えなくなってしまいます。母が亡くなってこんなに落ち込むとは自分でも予想していなかったので、自分の感情をもてあましてしまいました。

一カ月が過ぎたころからそんなことも少なくなり、葬儀の忌み明けが四十九日という風習を、自分の体験から納得したものです。

帰郷してからの子どもたち

新生活への希望にあふれていた子どもたちは、夫に手伝ってもらい、すぐに動物を飼い始めました。次男の幼稚園からもらってきたウサギ二羽、お隣から買った子牛一頭、リス一匹、村のゴミ捨て場からついてきた子犬、鶏一〇羽。

ウサギは豊原に帰ってすぐに飼育小屋を作ってあげたのですが、一週間もたたないうちに小屋の片隅に穴を掘って逃げ出してしまったのです。「恩知らず」と子どもたちは怒りましたが、どうしようもありません。生き延びて子孫を増やしているのか、キツネに食べられたのか、ウサギ飼育は失敗です。

子牛はおとなりの農家から分けてもらいました。自家製の牛乳を、という遠大なプランでしたが、数カ月経って大きくなってから、手間をとられすぎるとわかって元の酪農家に返しました。

二匹のリスはなんとかなつかせようと子どもたちは頑張っていましたが、これもある日逃亡し、森の中に姿を消してしまいました。

子犬は掌《てのひら》にのるほどの小さな犬で、特に末っ子は大喜び。でも一カ月ほどで毒エサを食べて死んでしまったのです。

そのあとに居着いた野良犬二匹と、ご近所に分けてもらった鶏一〇羽は、二年ほど飼いました。ほんのりとあたたかい産み立ての卵を子どもたちに拾ってもらい、卵焼きにして食卓に出したものです。


長女は手塚治虫の『ブラック・ジャック』の大ファンで、小学一年のときから「お医者さんとマンガ家になる」と宣言していました。

お金のない我が家は「国立大学に入るなら」という条件を出し、高校も私立高校の特待生になってくれたので、ほとんど教育費はかからず楽に過ごせました。特待生の義務として、卒業時に東京理科大学など有名私立大学を四校受験してすべて合格し、弘前大学医学部にも無事合格して、すぐに大学の寮に入りました。

ここまではよかったのですが、大学ではマンガサークルに入り、一年ごとに浪人しながらマンガを描いていました。

後に青森県庁前で私たちがハンガーストライキをしたとき、「学生食堂で食事をしながらニュースを見たよ。ごめんね。（自分だけ食べて）」と話したこともあります。

多難な学生生活だったようですが、なんとか子ども時代の夢をかなえて医者の国家試験に合格し、お医者さんになりました。いまは結婚して二児の母にもなりましたが、フルタイムのきつい勤務にめげず頑張っています。

学生時代には反対運動にも共感してくれましたが、社会に出たいまはなぜか敬遠しているようで残念です。「反対運動の人たちが来ているからイヤだ」と豊原には来てもらえないので、孫たちに会うために、たまに私が娘夫婦の家に出向いています。いつか思い直してもらえるかもしれないと思うのですが。

長男は小学校六年に転入、次男は新一年生になってスクールバスで千歳平《ちとせだいら》小学校に通い始めました。私の母校だった小中学校を解散して、むつ小川原開発時代に新住区（「開発」で立ち退いた村人の新たな移転先として造成された住宅地区）に建てられた小学校です。中学校は元の小中学校の敷地にあり、校庭のシナの木も昔と変わらず青々と繁っていました。後に長男が通った県立高校も中学校の近くに建てられていました。

千歳平にある県立高校を出た長男は、東京の大学の二部に進学し、奨学金をもらいアルバイトをして卒業しました。

春、長男が高校を卒業して大学入学のため上京するときに、野辺地駅に送る車に反対運動の仲間も同乗しました。長男や次男は小さいころ、私の作った情報誌「うつぎ」を村内に一緒に配ったり、デモに出たりしていましたが、このときの長男は誰とも口もきかず、あとも振り返らず、車のドアを乱暴に閉めて駅に入っていきました。いつも反対運動の人たちと母の時間を分け合わなければならないのが、我慢ならなかったのでしょう。

大学を卒業してから借りたアパートに私を泊めるときも、「反対運動の人たちは絶対に入れないで」といわれてしまいました。私の活動が就職の妨げになるといわれたこともあります。でも私が村議選に出たときは、高校の同級生に「見守ってやってくれ」と頼んでくれたそうです。

結婚し子どもも産まれて、なぜかわからないのですが、このごろは少しずつ変わってきました。私が〇七年に田尻宗昭賞をいただいたときは、夫婦で式典に参加してくれました。

年に一度は子どもを連れて六ヶ所村に遊びに来てくれます。今年は牛小舎で反対運動の仲間たちと家族三人で食事をし、球根植えも少しだけ手伝ってくれました。来年のチューリップまつりには来てくれるかも、と期待しています。

次男は入学してから半年ぐらい、教室で一言も口をきかなかったそうで、心配した担任の先生から何度も相談がありました。幼稚園では友だちと問題なく遊んでいたので私は心配しませんでしたが、その時は友だちの話す言葉がわからなかったようです。その後は〝バイリンガル〟になり、家庭では標準語、友だちとは方言で、と使い分けて活発に話すようになりました。この先生には三年まで担任していただきましたが、私が反対運動に関わるようになってからは、対応に微妙な変化が表われるようになってきました。

保護者の数が少なく、ＰＴＡ役員のなり手もいなかったので、私ははじめからＰＴＡ役員を引き受けましたが、反対運動に関わるようになってすぐ、小学校の校長先生に呼び出されました。学校では父兄（父母ではなく）に反対運動の話をしないでほしいというお話です。松戸の学校と比べると保守的で、保護者の意識も含めて学校の運営は四〇年前とそれほど変わらないようです。それまではかすかに違和感をもっていただけでしたが、これには驚きました。校長先生は積極的な核燃推進派だったのです。

一年から六年まで含めても全校生徒数が一二〇人ぐらいなので、先生たちにも子どもたち一人ひとりの暮らしや父母の生活までわかってしまう怖さを実感しました。

校長先生には、私がなぜ核燃に反対しているのか率直に話し、子どもたちには親の思想に関係なく平等な教育をしてくださるようにお願いしました。核燃を未来の理想図ととらえている校長先生も自説を話してくださいましたが、良心的な教育者で、子どもたちには平等に接してくださり、ありがたかったと思います。運動会やスキー大会などイベントがあるたびに、わざわざ私の目の前で子どもたちに声をかけてくれました。

次男はチューリップまつりや「うつぎ」配布、トラクターデモなど、小学校時代は本当によく手伝ってくれましたが、中学時代は反対運動とはできるだけ距離を置いていました。「反対運動をしている人たちはみんなヘンだ」というのです。「そんなことはないでしょう」と反論しかけて考え直し、「状況によるけど、みんな大変な生活の中で運動しているのだから、熱心すぎてへンに見えるかもしれないけど」といいましたが、納得できなかったようです。

長男の高校時代は冬の送り迎えが大変だったので、次男は当時すでに別居し松戸市に住んでいた夫の家から高校に通ってもらいました。反対運動が忙しく、それに加えて母の介護をしていた父が胃がんになり、長期療養のため千葉の姉の家に同居することになって、母の介護を私がしなければならなくなったころでした。

甘えん坊の末っ子でしたから、母親の手がまだまだ必要な時に送り出してしまったことがかわいそうで、いまでも悔やまれます。

夫は

夫は東京生まれの東京育ち。農業にあこがれてはいたものの、それまでは土にさわったこともありません。子どもたちの学校の仕事、掃除、洗濯、食事の支度も専業主婦としてそれまで私が一人でやっていたので、これらもひきつづき私の仕事でした。

昔気質の夫は、時間が余っていても家事を手伝おうとはしません。始めは田舎暮らしを喜んでいましたが、自分にできることがないので次第にいら立つようになっていきました。

半年後、必要に迫られて私は車の免許を取り、我が家で初めての車を買いました。夫は若いころ通った教習所の教官の教え方が気に入らずにやめてしまい、また免許を取る気にはなれなかったようです。しかし公共交通機関のない田舎では、車に乗らなければどこにも行けないのです。

知人もいない田舎暮らしで、一年を過ぎたころから夫は慣れないお酒を飲み始め、次第に怒りっぽくなって、子どもたちにも理不尽ないいがかりをつけて手を挙げるようになりました。

生活や反対運動に疲れていた私も、もう街にいたころのおとなしい妻ではなかったので、夫の顔を立てるような気配りもしなくなっていたのです。

私が事務局をしていた「核燃から海と大地を守る隣接農漁業者の会」*では、当初、六ヶ所村と隣接六市町村の議会にウラン濃縮工場の安全協定を締結しないよう、何度も働きかけました。議会に提出する陳情書を夜中までかかって書き上げ、判を押してもらうため、早朝三時から六ヶ所村を含む七市町村の農家や漁師さんのお宅を廻ってお昼ごろ帰宅すると、小学二年生の次男が、学校にも行かずパジャマ姿のままでテレビの前に座り、夫がふて寝していたこともありました。事情を聞くと、「あんたが朝ご飯を作って行かなかったから、○○が学校に行かないんだ」といいます。七歳の子どもに朝食ぐらい作ってあげてもいいのではないかと呆れました。

全国から来る反対運動の人たちも狭い我が家に泊まり、子どもたちの暮らし方にも遠慮なく口を挟んできます。善意からなのは確かでしょうが、運動関係の人たちとはそれまでつきあったこともなく、普通の生活をしていた我が家には縁のない価値基準を押しつけられて、とまどうこ

＊核燃から海と大地を守る隣接農漁業者の会＝筆者（菊川）と島田恵さんが、六ヶ所村と隣接する市町村（野辺地町・三沢市・上北町・東北町・横浜町・東通村）の漁業者・農業者（農協青年部・婦人部）に呼びかけて、1991年設立。現会長は荒木茂信氏で、筆者は書記。

ともしばしばありました。

その人たちを受け入れることにも、夫は怒りました。私も納得しているわけではありませんが、泊まるところのない人たちを完全に拒否することもできません。そんなこともあって、次第に私たち夫婦の間に冷たいけんかが増えていきました。

とうとう夫は、また前に住んでいた千葉県松戸市に帰り、元の会社で働くことになりました。それからは子どもたちの養育費を毎月送ってくれ、年に数回帰るだけの別居生活が始まったのです。子どもたちは成長するにつれて、夏休みや冬休みなどには松戸にある夫の家に行き、街の暮らしと父親とのふれあいを楽しむようになりました。

あのころ、反対運動にあれほどのめり込まず、もう少しゆとりをもっていたら、違う生活ができていたのかもしれないとよく考えます。大きくなった子どもたちに、「それだけ好きな生き方をしていたら、もう思い残すことはないでしょう」と何度かいわれました。好きな生き方などといわれるのは全く心外で、好き嫌いなど考えるゆとりもなく、そのとき必要なことをしていただけなのですが、家族にはそんな風に見えていたのかと、愕然としました。

その機会もないままでしたが、折に触れて行動だけではなく、言葉で説明する必要もあったのかもしれません。

長男は大学から、次男は高校から夫の家に住んで通学し、大学を卒業してからは東京に就職して、六ヶ所村を離れました。

思春期の兄弟を育てるのは、夫には重荷だったようです。子どもたちに関する問題は、電話などで、また私が上京したときに会って、ずいぶん話し合いました。

子どもたちに、母親としての充分な愛情を注ぐことができなかったことを、いまも後悔しています。

二〇〇六年三月、子どもたちが私の家を離れて、長い間会うことも話すこともなくなっていた夫から電話が入りました。「白血病らしい。余命三カ月といわれた」と。

同居している次男はまだ就職したばかり。結婚を目前にした長男も仕事が忙しく、終末期の父親の介護をする余裕はありません。本人の希望もあり、娘の勤める弘前大学付属病院へ入院することになりました。夫はもう飛行機や電車に乗る体力がなかったので、私がワゴン車に寝床をしつらえ、弘前まで連れてきて入院してもらいました。

二歳の息子がいる娘は、医者としてフルタイムで働いているので、看護を任せきりにすることはできず、私が仕事の合間に週一

二人の息子と。（1985年８月、三宅島にて）

度ぐらい、弘前に通いました。この年はずっと見たかった弘前公園の満開の桜を何度も見ることができましたが、あまり楽しむことはできませんでした。

チューリップまつりが終わる五月の中ごろ、夫は危篤状態になり、あとをみんなに頼んで急いで病院に駆けつけました。付き添いをしているときに、仲間から「村長選のことで話したい」と電話が入りましたが、とてもそんなことを考える余裕がなく、事情を話して断りました。

このあと夫は奇跡的に回復し、九月に退院して、私が付き添い、新幹線で松戸の自宅に戻りました。二日後、前に見てもらった松戸市立病院で診察を受け、すぐに入院。私は、息子たちのいる週末は六ヶ所村に帰って訪れる来訪者の応対をし、平日は上京して付き添いをしました。私自身、前年に大腸と盲腸を切り取る手術をしていたので、術後の体には厳しい生活でしたが、近くに住んでいる姉にも手伝ってもらい、介護のやりくりをしました。

夫はそれからも入退院を繰り返し、翌年（〇七年）一月に亡くなりました。

市立病院での付き添いの時間が、疎遠になっていた夫との最後のふれあいの時間になったのです。

V

出会い——しなやかに抵抗する人々

出会い

私が「反核燃」の運動に関わり始めたのは四〇歳を過ぎてからでした。若いときには仕事と子育てなど自分の生活で精一杯で、社会運動に割く時間もなかったのです。

六ヶ所村に帰り反対運動を始めて一〇年間は、空いている時間があれば何か反対運動に関わることをしているか、考えているという感じでした。生活そのものが運動のためにあったので、一緒に反対運動をしている仲間たちが、趣味の時間をとったり運動以外のことに関心をもっているのを、奇異に感じていたほどです。

病気になってあまり動けなくなってから、ようやくなんだかヘンだと感じ、それからは意識的に反対運動以外のことにも興味をもつようにしました。

効果があるのは昔ながらの本の世界です。まじめな本も読みますが、お気に入りはミステリーやSF。あっという間に異世界に遊ぶことができるのですから。そんな風にして日常の緊張を解くようになってから、精神的にずいぶん楽になりました。

私のように一〇年間もそれしか考えられないというのも異常ですが、反対運動に関わり始めると、ほとんどの人が多少なりとも似たような経過をたどり、最後には自分の力に見合った行動を持続させているようです。全力疾走したあとに、疲れきって反対運動から離れていく人もいます。それは仕方のないことでしょう。でも、国策として続く原子力政策は、どんなに努力しても今日、明日の短時日には変わらないのです。

放射能汚染を認められず一〇年、二〇年、三〇年と運動を続けている人たちは、まず自分の生活を守り、楽しみながら、その上で反対運動を息長く続けています。私もそのようにありたいと願う、青森県内はもちろん全国にお住まいのもっとも尊敬している方々です。

反対運動に関わり始めた数年間は、家族と過ごす時間よりも、反対運動の方々と過ごす時間の方が多かったほどでした。

すばらしい方ばかりですが、現役で活躍されている方も多く、ここで私が紹介するのは僭越《せんえつ》な気がします。

また、「うつぎ」や二〇〇〇年から発行している「花とハーブの里通信」はミニコミの情報誌ですが、六ヶ所村内の定期購読者から日本原燃や公安警察にまで渡っているらしく、思いがけないところで誌面にしか載っていない情報について話しかけられたこともあります。

私が〝非国民〟として公安警察のブラックリストに載っているなどというのは、冗談としか思えないのですが、どうやら事実として認めるしかないようです。何度かそんな驚きを経て、極秘情報（？）は載せないように、また迷惑をかけてはいけないので、できるだけ特定の個人名を掲載しないように配慮してきました。

日本は警察国家ではないはずですが、一般市民には見えませんが、公安警察が暗躍しているのは周知の事実。たかがミニコミ誌の発行なのに笑うしかありませんが、威信をかけた日本の国策と闘うためには、そんな配慮も必要なのです。

そんな事情もあり、ここではさしさわりのない範囲でのみ、ご紹介したいと思います。

すてきな女性たち

反対運動を始めて間もなく始まった「女たちのキャンプ」では、札幌や広島など、全国各地で活躍するすばらしい女性たちと知り合うことができました。狭い主婦業の中では知り合うこともなかった方ばかり。その中でも忘れられない方々を紹介してみます。

○小木曽茂子さん

どうなっているのかわからないまま緊密に関わり始めた反対運動でしたが、当時から青森県内でも考え方の違いなどから反対運動のグループはいくつにも割れていたようです。三沢にも原告団など複数のグループがあり、その中の一つに「スペース三沢」がありました。県外からきた人々を受け入れ、泊まることもできるスペースです。その中心になっていたのが、小木曽茂子さんとTさんでした。

私より年下ですが運動経験もあり、宝塚歌劇団の男役のようにかっこいい小木曽茂子さんは、みんなに頼りにされていました。九一年の「女たちのキャンプ」を提案し、実行した主催者の一人です。このキャンプでは地元住民ということもあり、私も自宅から通勤（？）していました。毎日のように入れ替わるキャンプ参加者の送迎や食事の支度、抗議のアクション、ミーティングなど、目まぐるしくも一貫した気配りが必要でしたから、主催者は大変でした。

小木曽さんは責任者として一カ月泊まり込み、キャンプ終了後に体をこわしてしまったそうで、六ヶ所村を離れました。その後、新潟の山の中に入りパートナーとお米を作るようになって、変わらず反原発運動のリーダーとして活躍されています。今年も年賀状をいただきましたが、里親をしている二人のお子さんやパートナーと忙しい毎日を過ごしておられるようです。

一度、友だちとうかがって泊めていただき、田畑を見せてもらったことがあります。その時はアスパラガスの最盛期で、とれたてのおいしいアスパラガスをいただきました。新潟県魚沼産無農薬のおいしいお米を送っていただいたことも楽しい思い出です。

○武藤類子さん

武藤類子さんは福島在住、養護学校の教師でしたが、アクションのたびに福島から駆けつけてくれました。教師の仕事を続けながらの通いで大変だったと思いますが、やはり「女たちのキャンプ」の中心人物。いつも優しく、そこにいるだけでほのぼのとした雰囲気が漂う、ダンスが上手な方で、キャンプでは非暴力直接行動のリーダーでした。

キャンプが終わったあとも六ヶ所村に通ってくださいましたが、のちに養護学校をやめ、相続した土地のある福島の山中に喫茶店を開きました。

野菜を作るのは性に合わないけれど採取はできるからと、ドングリを食べる「ドングリクラブ」を始められ、秋に拾ったドングリを保存して、カレーにしたり、粉にしてパンを焼き、喫茶店のメニューに加えています。ドングリは栄養価が高いと聞いていた私は、前からドングリを食べることに興味があり、喜んでこの「ドングリクラブ」の会員一号になったのです。

福島に招かれたとき、この喫茶店に泊めていただき、初めてドングリのカレーをいただきました。何度も煮こぼしてアクを抜いたというドングリは、コクのある豆のような風味。パンもおいしくできています。

「あの山の上までドングリを拾いながら登るの」と指さされた急斜面の山を見て驚きました。畑の草取りか山登りか選べるのなら、私は草取りを選んでしまいそう。いまも喫茶店を経営し、民族舞踊を楽しみ、反原発運動やいろいろな社会運動に関わっています。

○有本佑子さん（仮名）

同じく福島出身・東京在住の有本佑子さんは、二児の母親で、パートナーと一緒に、子ども連れで反原発運動をしていました。フランス人形のように整った顔立ちの美人で、体が弱かったのですが、考えられないほどの頑張り屋さんです。私と同年代で、子どもたちも同世代。何かあって上京するたびにどの集会でも出会い、暖かく迎えてくれました。

私が集会で六ヶ所村の報告をすると、いつも疲れていたせいもあるのですが、涙で言葉が続けられなくなるときがあります。会場はシーンとし、出口のない六ヶ所村の現状をしばし思いやる……という具合に、なったか、どうか。我ながらふがいないと思いながら帰ろうと外に出ると、佑子さんが待っていて、涙を流しながら「いい役回りじゃない?」とにっこりして抱きしめてくれたこともあります。

それまでは、知らない大人にしてみたこともなかった「相手を抱きしめる」という行為は、〝ハグ〟ということも知りました。非暴力トレーニングでは相手の体に触れるのも大事なことです。「女たちのキャンプ」を体験した女性たち、男性たちの間で、ハグはごく普通のあいさつになりました。でも日本の文化ではせいぜい握手ぐらいが許される範囲。人前で抱き合うのは異様で、野辺地駅に送って別れぎわにハグするときは、さすがに周りの目が気になったものです。

有本さんとは「女たちのキャンプ」、低レベル核廃棄物搬入、高レベル核廃棄物搬入、チューリップ植え付けと、何十回会ったかわからないほど何度も顔を合わせていましたが、ある日「家を出て行方不明になったらしい」という噂が流れてきました。出口の見えない反原発運動と家庭生活の重圧、体調の不安などが重なったのでしょうか。そんなはずはないと何度も打ち消したのですが、行方がわからないまま月日が流れています。

高レベル初搬入の雨の中で手をつなぎ、涙を流しながら、「♪ケ・セラ、ケ・セラ、ケ・セラ〜、俺たちの人生は〜、自由にあこがれて〜　生きて行けばいいのさ」と歌っていた姿をいまも思い出します。どこかに元気でいてほしいと願いつつ……。

○谷百合子さん

札幌在住の音楽家。「女たちのキャンプ」以後、何度も六ヶ所村に足を運んでくれました。私より少し年上ですが、色白の肌とソプラノの声は少女のように瑞々しく、華やかな方です。北海道電力の株主運動も担い、その疲れを知らない行動力には目を見張らせるものがあります。大学時代の学生運動の後遺症か、谷さんの警官ぎらいは有名で、「女たちのキャンプ」のフランスデモ（手をつなぎ道幅いっぱいに広がって行進する）の時には、トレーラーに先駆けて進んできたパトカーのボンネットに腰掛け、あでやかにほほえんで、パトカーのお巡りさんを激怒させたという武勇伝の持ち主。

反対運動で札幌にも何度か招かれ、谷さんのお宅に泊めていただいたこともあります。一人暮らしのお宅の居間には大きなグランドピアノと、私には名前もわからないエキゾチックな楽器が揃い、家中にセンスのいい食器や家具をそなえていました。

あまり気にしていなかったのですが、小木曽さん、谷さん、武藤さんなどは、開拓生活の貧乏暮らしで育った私と違って、裕福な家庭で育った様子。教育はもちろん、センスの良さや習い事、周りの大人から学ぶことなど、豊かな環境で育った方は、やはり大人になってからも違うのでしょうか。興味の範囲の広さや人間性に、私にはない豊かさを感じていたものです。そんな私でもウンザリするほどの雑多なキャンプ生活は、底辺の人間よりははるかに大変だったようで、よく一カ月も我慢できたものだと感心します。

キャンプ生活が終わり、私の家に来て暮らしぶりを見た小木曽さんは、同情に堪えない様子。「食べることには困らないから貧乏じゃない」という私に、「あんたは貧乏なの！」と笑いながら怒ったように決めつけた小木曽さんの言葉を思い出します。

○大庭里美さん

広島に住む大庭里美さんには、青森や東京の集会で何度もお会いしていました。英語に堪能な（英語だけではないのですが）美しい方で、夫と別居して二人の子どもを育てながら、反原発運動に携わり、「プルトニウム・アクション・ヒロシマ」の代表を務めていました。語学力を生かしてアメリカやイギリスなど、国際的な会議にも参加し活躍していましたが、あまりに忙しすぎたのでしょう。アメリカから帰った直後、くも膜下出血のため五〇代半ばで亡くなられたのです。

亡くなられたことが伝わってきたとき、あんなに非凡な方がと、呆然としたものです。

高レベルの全国キャラバンではご自宅に泊めていただき、ゆっくり話し合う時間がもてました。

「弱い女たちが手をつながなくては」といわれたことを思い出します。原爆投下の歴史をもつ広島には、六ヶ所村とはまた違った問題もたくさんあるようで、「悩みは尽きないね」と笑いあったことも。

いつも「花とハーブの里」のチューリップ球根を大量に買ってくださり、球根を通じて六ヶ所村の問題を伝える大きな力になってくださったかけがえのない方でした。

最後まで全力で走り続けた大庭里美さん、本当にありがとうございます。どうぞ安らかにお休みください。

○島田恵さん

フォトジャーナリストの島田さんは、私が帰郷する前の八六年から、東京から通って六ヶ所村の取材を始めていましたが、通っているだけでは状況がよくつかめないからと、九〇年一〇月に六ヶ所村に移住して、取材を続けていました。

これまでに『いのちと核燃と六ヶ所村』（八月書館）と、『六ヶ所村――核燃基地のある村と人々』（高文研）という、二冊の写真記録集を出版されています。この本でも作品を使わせていただきました。

慣れない北国の生活に悪戦苦闘しながら良く住み続けられたと思います。借りたアパートを推進派の圧力で追い出されるなど、いろいろ苦労されたようです。

人のつながりや反対運動の流れに詳しく、私が運動を始めたころは、ほとんどつきっきりで取材について回り、人に紹介してもらったり、貴重な情報を教えてもらったりしたものです。

運動からはある程度の距離を置かないと報道の自由が守れない、という話はよく聞きますが、島田さんの写真にはそんな制約など意に介さないような、大きな愛情を感じます。特に子どもやお年寄りの一瞬の表情をとらえたものが多く、「女たちのキャンプ」では新納屋の海岸で遊ぶ子どもと女性の写真も残っています。小川原湖の壮大な夕焼けや、菜の花畑、漁り火の写真も美しく、いつでもしーんと見とれてしまうほどです。

この時期の島田さんの写真は核燃サイクル反対運動の貴重な記録ですが、六ヶ所村に住み取材を続けることは精神的にも大きな負担だったようです。運動で傷つく人の心を癒やそうと、アメリカから伝わったコ・カウンセリングを取り入れ、仲間の間に広めていきました。私にはあわなかったのですが、このコ・カウンセリングで人生が変わった人も多く、いまでは日本の中でも大きな組織に育っているそうです。

二〇〇九年に日比谷公園で開かれた「土と平和の祭典」で、久しぶりに変わらない笑顔の「恵ちゃん」にお会いして、当時を思い出しました。悩み多かった、でも懐かしい時代です。

○片岡洋子さん

「ヨーカン」と名乗る細身の彼女は二児の母。小川幸子さんとともに東京で「結いパン」という天然酵母のパン屋さんを経営していました。国産小麦のおいしいパンは東京の集会などでよく売っていましたから、おなじみの方も多いと思います。いつも「花とハーブの里」に種々さまざまなパンを送っていただき、みんなでいただいたものです。

「牛小舎」ができたころ、「女たちのキャンプ」に敷地を貸してくださった新納屋の小泉金吾さんも、都会からくる人たちのための宿泊所を作りました。国道338号から少し入った森の中に、大工さんの腕を生かして大きな小屋を作り、山小屋感覚で泊まれるようにしたのです。外観が三角形の小屋なので、「三角小屋」と呼ばれていました。

山歩きが好きなヨーカンさんは、「女たちのキャンプ」が終わってから、四季を通じて六ヶ所村に通い、この「三角小屋」に寝泊まりして六ヶ所村の自然を楽しんでいました。手作りの『ヨーカンの三角小屋日記』を自費出版し、豊かな六ヶ所村を紹介しています。

チューリップ畑の援農に何度も来てくださり、チューリップの皮むきという退屈な作業も歌を歌いながらマイペースでこなしてくださったのです。

持病をもちながらパン屋さんを経営し、反原発運動に関わり、六ヶ所村にも通い続け、と頑張り屋の彼女から昨年、「持病が悪化して入院しています」というハガキが到着。心配していたのですが、昨日（〇九年）署名提出の院内集会に出たら、「治ったのよ～。もう薬もいらないの」と元気なお顔で参加していて一安心。「今年はチューリップの手伝いに行くからね」と約束してもらいました。

頑張り屋なのに自然体のすてきな先輩です。

○石田貴美恵さん

昨年「六ヶ所村に通って一〇年になります。早いね～」と話していた貴美恵さん。私より一〇歳も歳下なのに社会運動の活躍歴ははるかに先輩で、反原発はもちろん「従軍慰安婦」問題や公害問題など、いろいろな分野に深く関わっている方です。鎌仲ひとみさんに働きかけて映画『六ヶ所村ラプソディー』を撮るきっかけを作ってくださったり、田尻宗昭賞に私の名前を推薦してくださったり、そのほかにも数え切れないほどいろいろなことをしてくださった陰の功労者。

いつも的確にポイントを突く働きかけで無駄のない動きをしています。人脈が広くフットワークが軽く、全国を飛び回っているご様子。小柄なのにどうしてあんなに体力があるのだろうといつも不思議です。しかも並ぶ者がいないほどの酒豪で、細かい手作業が好き、字が上手、とうらやましいほどの多彩な才能を併せもつ。

「里」には頻繁に、時には月二～三回も東京から通って、チューリップ栽培や反対運動の強力な助っ人になってくださるのです。

貴美恵さんと飲むと楽しくて、つい体力以上に飲み過ぎてしまいますが、話が弾む貴重な飲み友だちでもあります。お酒の楽しさを教えてくれた貴美恵さんに感謝！

○アイリーン・美緒子・スミスさん

京都在住。「グリーン・アクション」代表。亡くなった夫のユージン・スミスさんと何年も水俣に住み、水俣病の写真を撮って記録に残し、公害の告発に寄与された方です。原発事故が起きたアメリカのスリーマイル島の現地調査も行ない、被ばくの実態も証言しています。

国際的な活躍をされるとともに、数年前まで京都から六ヶ所村に通い、県会議員への働きかけも地道に行なってくださいました。議員の自宅や県庁内での議員訪問に同行してブリーフィング（簡潔な状況説明）のやり方などを実際に見せていただき、学ぶことも多かったのです。この議員への働きかけは表には出なかったのですが、議員の意識を変える大きなきっかけになったと思います。

往復の車の中でも電話やパソコンで仕事を続ける真面目な彼女は、明らかに働きすぎ。英語と日本語をあっという間に切り替えるバイリンガルの電話の応対は、聞くだけでも目が回りそうでした。しかも「花とハーブの里」に帰ると畑の草取りまでしてくださるので申し訳なく、余裕のあるときには八甲田山の温泉に行って何度か休んでもらいました。八甲田の山に入ると携帯電話はつながらないので、否応なく休まざるをえないのです。

グリーン・アクションの若いスタッフとともに反原発運動の初心者向けパンフレット『ガッテン再処理』などを出し、ネットで普及させる、東京や大阪などでの大きな学習会の開催、全国での講演会など、いまも変わらず忙しい日々を過ごしているようです。

六ヶ所村に来られたら、また一緒に温泉を楽しみましょうね。

○大木有子さん

初めてお会いしたのはいつか記憶がないのですが、気づいたらいつもそばにカメラをかまえた彼女がいたのです。カメラと大木さんの優しい笑顔をいまもセットで思い出します。

ドイツでの再処理工場建設に反対する人々を描いたドキュメンタリー映画『核分裂過程』と、続編の『第八の戒律』を各地で自主上映され、ご自分でもパートナーの小林さんとともにカメラを回してドキュメンタリーの記録を撮影。初期の「牛小舎」に何度も泊まって反対運動やチューリップまつりなどの映像を撮っていたものです。いつだったか、ネコを飼っているご自宅に泊めていただいたことも。

二〇〇三年の高レベル搬入のときに、六ヶ所村の冬の海岸でインタビューを受けたこともあります。寒くて震えてしまいましたが、撮影している大木さんや小林さんもさぞ寒かったことでしょう。

東京の集会に行くといつも顔を合わせていました。このごろはお会いすることも少なくなりましたが、何度もハグをした大切な仲間。またどこかで是非お会いしたいものです。

＊

六ヶ所村で反対運動を続けてきたおかげで、たくさんのすてきな方々と知り合い、私の人生はそれまでとは比べものにならないほど豊かになりました。このほかにも青森県内や全国の若者、男性たちなど、すばらしい方にたくさんめぐり会いましたが、先述したような理由であえて触れませんでした。ご了解ください。

先行世代の運動者たち

私が運動に関わり始めた一九九〇年末、六ヶ所村ではまだ、「むつ小川原開発」時代から国策に反対して闘ってこられた方々がたくさんおられました。老齢で第一線から引退したり、志なかばで亡くなられた方も多いのですが、その中から身近な方をご紹介します。

○寺下力三郎さん

むつ小川原開発では、当事者の村長として第一線で反対運動に立ち、核燃反対運動でも運動の象徴としてみんなに慕われている方でした。

一九一二年生まれ。戦争当時のご自身の体験から、国家権力の横暴さに疑問をもっておられたようです。私がお目にかかったのはすでに晩年でしたが、集会や選挙など体力を消耗するアクションにも労をいとわず欠かさず参加し、ユーモアあふれるあいさつをして、場を和ませていらっしゃいました。

次々と入れ替わる新しい人の名前を覚えるのは大変な作業。私がお会いしたころは、三沢のI

さんのことを「ヒゲの大将」と呼ぶなど、体の特徴を識別の目印にしていたようです。歳をとって記憶力が鈍ってきた私も、このごろ、そんな気持ちが少しわかるようになりました。

　裁判、集会、抗議行動など、六ヶ所村に住んでいるとどこへ行くにも時間がかかり、その場所への往復だけでも大変です。三沢には往復一時間四〇分、八戸には三時間、青森にも三時間、弘前には六時間。車の中にただ座っているだけでも疲れますが、寺下さんはそれでも紳士的な態度を崩さず、集会の最後まで毅然として座っておられました。ペースメーカーを入れていた最後のころは、かなり無理をされていたのではないかと思います。

寺下力三郎さん。（写真：島田 恵）

　私が村に帰って初めての村議選で、新住民と旧くからの住民とで意見が分かれ、新住民の数人で寺下さんに意見調整のお願いに行ったことがあります。尾駮《おぶち》の外れのご自宅で、奥さんは雑貨屋を営んでいました。寒い部屋にストーブをつけ、寺下さんが私たちと話し始めようとしていると、奥さんが

「こんな年寄りにまだ何かさせる気なの。あんたたちは何を考えているんですか」と怒り、部屋の戸を手荒く閉めてお店に出て行きました。私は小学校の交通安全委員会で寺下さんの奥さんとはその前に顔を合わせていましたが、反対運動の内情もわからず、寺下さんの体調も知らず、その時もただついて行っただけなのですが、ご迷惑をかけたといまでも申し訳なく思っています。

都会から数日村に来て運動をする人たちは、仕事や生活などの日常生活を抜け出し、睡眠時間も削って感情が高ぶったまま機動隊と対峙することがほとんどです。いきおい、言葉も乱暴になり、攻撃的になってしまいます。一方、村に定住している「新住民」の人たちは、日常生活を続けながらよそから来る人たちを自分の車で送迎し、抗議行動も主催しなければなりません。抗議はするけれどできるだけ穏便に、逮捕者を出して日常生活を脅かされないようにせざるを得ません。昔から村に住んでいる人たちは、対峙する警備員や機動隊と、抗議行動が終わってからも生活の場でつきあい続けなければならないのです。

それぞれの意識の違いは大きく、時には話し合い、歩み寄ることすら難しくなります。また、運動の内部に歴然とした男尊女卑の意識もありました。選挙では特に露骨になり、いたたまれない思いもしたものです。青森県内の運動が衰退していった背景には、長い年月の経過とともに、都会に住む住民と地方の住民の市民運動に対する意識の差——それは人権意識の差といっていいかもしれません——があったのかもしれないと思うのです。

「女たちのキャンプ」の女性たちの中にも、抗議集会などで時には感情が高ぶり、鉄柵をガンガン叩いて、「寺下さんがそばに来て静かに、やめなさいっていわれたの」、と首をすくめる人もいました。音を出すのはパフォーマンスの基本なのですが、静かな自然の中ではいかにも場違いな騒音に聞こえたのでしょう。

八戸のKさんたちと数台の車に分乗して青森地方裁判所に行った帰り、夏泊半島《なつどまり》を通りかかった際、寺下さんが「まだ一度も行ったことがない、行ってみたいな」、とポツンといわれたことがあります。Kさんたちは「行きましょうよ。たまには楽しいこともしなくちゃ」といっていましたが、時間がなくいつも焦っていた私は、そこで別れて帰ってきたので、Kさんたちが寺下さんと夏泊半島に行ったかどうかはわからないまま。少しでも楽しい思いをされていたらいいのですが。

寺下力三郎さんが田尻宗昭賞を受賞されたとき（一九九三年）、寺下さんのこれまでを取材したいろいろな方の本を読み、ようやくどんな方だったのかを知ることができました。国家権力に抵抗してふるさとを守ろうと闘う、反骨の政治家だったのです。

一九九九年、多くの方に惜しまれつつ、八七年の生涯を閉じられました。

私が帰郷してすぐに亡くなられた元参議院議員の米内山儀一郎さん、二〇〇〇年に亡くなられた元衆議院議員の関晴正さんとともに、もっとも尊敬するすばらしい方でした。

向中野勇さん。（写真：島田 恵）

安らかにお休みください。

○向中野《むかいなかの》勇さん

第二次大戦中、戦闘機に乗っていたという向中野さんは、尾駮の少し北の老部川《おいっぺがわ》に入植。三〇年後、その時に植林した杉で自宅を新築し、いまも悠々と暮らしておられます。

寺下さんとともにむつ小川原開発反対運動の先頭に立ち、「反対同盟」の事務局長をされたとのこと。開発反対運動では「何十台も大型バスを連ねて青森へ行ったもんだ」と話されたことも。

初めてお会いしたときにはもう高齢のため運転免許を返上し、反対運動の第一線からは身を引かれていましたが、農業は現役で続けており、「女たちのキャンプ」にも野菜などをたくさん届けていただきました。

集会や抗議行動には出られないのですが、後方支援に徹してくださり、私たちがご自宅に顔を出すといつも喜んでくださいます。庭には見事なツツジの群落を育て、ぎくしゃくしていた泊のTさんと私を仲直りさせようと、花見に呼んでくださったことも。

高レベル廃棄物がフランスから返還される直前に「核燃から海と大地を守る隣接農漁業者の会」が主催した真夏のトラクターデモでは、むつ小川原港から尾駮にある村役場を経て、芝を栽培している向中野さんの畑まで六キロの道を歩いたこともあります。そのときだけは皆にあいさつしていただきました。

権力に屈しない反骨の開拓農民として、もっとも尊敬している方です。

○清水目《しみずめ》清さん

野辺地町目ノ越の開拓農家。「核燃から海と大地を守る隣接農漁業者の会」を結成したときにお目にかかり、四年前にガンで亡くなる直前まで、同じ町の松島烈晃《れつあき》さんとともに反対運動に関わっておられました。

人望が厚く地区の総代、ＰＴＡ会長、森林監視員などを長年引き受け、人脈を生かして議員にも持続して働きかけていました。

核燃サイクルの事業が進むにつれ、青森県内では反対運動に関わる人を公の役職につけないようにする動きが多くなっていたので、清水目さんのように昔から地域の重鎮として活躍されてきた方の動きは特に貴重です。ご自身の属する酪農組合が核燃反対運動に取り組まないので脱会するなど、一貫して筋の通った生き方をされていました。

車のナンバープレートの上には「愛は地球を救う　核は地球を滅ぼす」という標語をかかげ、「核燃から海と大地を守る隣接農漁業者の会」で呼びかけたトラクターデモに参加するため、長距離を厭《いと》わず野辺地町目ノ越から青森市まで、約六〇キロをトラクターで行くなど、反対運動のためにできることは何でもしてくださる方でした。

○松島烈晃さん

東京出身の松島さんは、清水目さんと同年代。終戦直後に目ノ越に入植し、酪農をされていました。清水目さんとともに「核燃から海と大地を守る隣接農漁業者の会」に入り、抗議行動には欠かさず参加してくださいました。日曜日に

1994年10月、青森市の繁華街をトラクターでデモ行進する農業者たち。
（写真：島田 恵）

は教会にも欠かさず通うまじめなクリスチャンです。

高レベル廃棄物の搬入停止を求めて青森県に申し入れに行ったときは、ちょうどクリスマスイブ。集乳缶に放射能マークをペンキで書き、参加者みんなでクリスマスソングを歌って県庁職員にプレゼントしてきました。松島さんもまじめなお顔で大声で歌っていました。

二〇〇〇年に大病をして以来酪農をやめられ、入院や手術を繰り返して体調はすぐれないようですが、ウラン濃縮工場の稼動前から続けている放射線測定を続け、記録を残していらっしゃいます。

「放射能は生きとし生けるすべての生き物と共存できません」。とつとつと語るその信念と小さないのちへのあふれる愛情には、いつも頭が下がります。

○小泉金吾さん

むつ小川原開発計画の線引き区域内にあった新納屋部落で、ただ一人土地を売らず、いまも家族で住み続け、田んぼを作っている方です。このごろは高齢になって息子さんが田んぼを引き継いでいらっしゃるようです。

「ここに住み続けることが私の反対運動だ」、「去るものは追わず、来るものは拒まず」とおっしゃっていましたが、新納屋の住民が移転を決め、学校が閉校になったときの様子を聞くと、余人にはうかがい知れない苦労もあったのでしょう。「土地を守り抜く」というその信念の強さには頭が下がります。

小柄で細身の金吾さんは、大きな目をらんらんと輝かせ、その口からは速射砲のように言葉が飛び出してきます。初めて会う訪問者は何をいわれているのかわからず、なぜか怒られているらしいと思いながら、神妙にうつむいているしかありません。何回かお会いして話をうかがううちに、ようやく少しずつわかるようになりました。

金吾さんの一番の不満は年金問題で、国民年金と厚生年金の差をなくさない限り、公平な社会はありえない、という信念をおもちなのです。確かにそのとおりかもしれませんが、私たちはそこまで手を伸ばす力もなく、ただ呆然と聞いているしかありません。寺下さんがあるとき、「国政レベルの話をされても困るな」と苦笑いされていたほど。

九一年の「女たちのキャンプ」では、国道338号わきにある金吾さんの自宅横の空き地を貸していただき、キャンプをすることができました。全国から来る女たちに、金吾さんが管理されている泉田神社を開放し、親身になってお世話をしてくださったのです。

ウランが搬入されるという突撃前夜、最後の打ち合わせをしていた私たちのところに、泊《とまり》の坂井留吉さんがいらして話しかけてきたとき、いつもとれたての新鮮な魚を届けてくださる地元の方の話をさえぎるわけにもいかず、でも片方では欠かせない打ち合わせが始まって困っていると、金吾さんがその場に来て状況を見て取り、すぐに坂井さんに話しかけながらご自宅の方に連れて行ってくださり、無事に打ち合わせを終えることができました。そんな細かな気配りもしてくださる方なのです。

若いときには大工の仕事をし、新納屋に伝わる神楽舞の名手でもあります。後に映画監督の加藤鉄さんが金吾さんに心酔し、何年も六ヶ所村に住んで金吾さんを取材し、ドキュメンタリー映画『田神有楽』を完成させました。金吾さんの語りや六ヶ所村の豊かな自然、その当時の反対運動が静かに記録された映画です。加藤さんが金吾さんに聞き書きした『われ一粒の籾なれど』（東風舎出版刊、映画『田神有楽』のDVD付き）もまた、読み応えのある本になっています。

小泉金吾さん。（写真：島田 恵）

Ⅵ

『六ヶ所村ラプソディー』旋風

鎌仲ひとみ監督との出会い

なにかもう遠い昔の物語という感じでしか思い出せないのですが、あまりにいろいろな出来事があり、いまでは一年を過ぎる前にほとんどの出会いが「昔のこと」になってしまうようです。映像作家の鎌仲ひとみさんが六ヶ所村に通い始めたのは二〇〇四年春。核燃サイクルの要である再処理工場の建設はすでに終わり、ウラン試験という、工場内で放射性物質が初めて使われる作業工程に入ろうという時期でした。

このころは、「核燃から海と大地を守る隣接農漁業者の会」のみなさんと、議会や議員に働きかけをしていた時期が終わり、「新人」の山内雅一さんが運動に参加し始めたころでした。「隣接の会」の農業者・漁業者とともに議会や議員への働きかけ、大阪や東京から来て下さる支援者とともに、また一人で、村内全戸の戸別訪問を三回、三沢や八戸・野辺地の仲間たちとチラシ入れ、山田清彦さんや東京などの支援者と海流調査のためのハガキ放流等々。「ノディの会」（バングラデシュ支援のＮＰＯ組織の中の自主グループ）の若い皆さんが定期的に畑に来てくださっていたのもそのころです。新しい顔ぶれが訪れるのは月に数回で、いつも顔なじみの人たちと活動をしていました。

鎌仲さんとは〇四年の「ピースウォーク」で、初めてお会いしたのでした。誰かと話しているとカメラが迫ってくる。うるさいな、と払いのけてもしつこく追いかけてくる。この人は誰なんだろう？　と思っているうちに、名刺をいただいて、ドキュメンタリーを撮っているのだとわかりました。それから鎌仲さんは頻繁に花とハーブの里に通い、「牛小舎」に泊まるようになりました。ここを拠点にして、映画の撮影が進められたのです。

鎌仲さんご自身もそのころは体調が悪かったようですが、私も疲れていたのでほとんどお世話をすることもなく、到着時に掃除をして部屋を使ってもらい、私ができないときは食材を提供して、料理までしてもらいました。

お互いに忙しかったのですが、食事どきの対話は面白く、映画完成までの二年間は心弾む時でもありました。

どんな映画になるか楽しみにしていましたが、有楽町の試写会で私の映像がアップで出たときにはぎょっとしてしまいました。それまで晴れの場は苦手で、できるだけ誰かの後ろに隠れているのが好きでしたから、これはまったく悪夢のような出来事だったのです。

『六ヶ所村ラプソディー』と題されたこの映画は、「私たち（つまり日本に住むすべての人々）の暮らしの根っこに核がある」との認識の上で、着々と進行していく核燃サイクルという国策の下、再処理工場を取り巻く村の人々の暮らしに重点をおいて、核燃に賛成・反対の両者の立場の声をひろっています。イギリスのセラフィールド再処理工場も取材して、周辺住民の子どもたちの白血病やガンが増えているという証言も収録されています。国内外での自主上映が五〇〇回を超えたとか。問題点をそれぞれの立場から発言しているので、とてもわかりやすく考えさせられる映画でした。同じ村に住んでいてもこんなにオープンに話す機会はなかったので、推進側の人たちはこんな風に考えているのかとわかり、新鮮な感じがしました。

映画完成――押し寄せる人々

二〇〇六年三月に映画『六ヶ所村ラプソディー』が完成し、各地で自主上映の輪が広がり始めると、花とハーブの里を訪れる人たちがどんどん増えるようになりました。

これまで十数年の間、どんなに反対運動に力を注いでもできなかった人の輪の広がりが、この映画で爆発的に大きくなったようで、それは心励まされる思いでした。映像の力をありありと実感させられました。

そのこと自体はうれしい出来事だったのですが、反面、困ったことも起きてきました。昼夜を問わず電話が鳴り、「いま野辺地駅にいるんですが、ここからどう行ったらいいでしょうか？」という問い合わせも多くなったのです。一日二往復のバスしかないのですから、駅までお迎えに行き、話をして、その方を駅までお送りすると、もう夜になってしまうことも。はじめは真面目に応対していたのですが、毎日そんなことが続くと、農作業も反対運動もできず、本当に困ってしまいました。

電話に出ると応対に時間がかかるので、畑に行く前は電話に出ないようにしたこともあります。そうするとお昼休みに電話がかかり、食事をする時間もなくなるのです。でも、電話をしてこちらの都合を聞いてから来てくださる方はまだいいほうで、朝五時ごろに起きて窓の外を見ると見知らぬお客様がいたことも何度かあって、ぎょっとしました。

昼夜を問わず不意に訪ねてこられる方も多く、近くの街に買い物に行って帰ると、お客様が待っていたりします。畑から夕方疲れ切って帰るとお客様が待っていて、泥だらけの顔で応対したり、昼食後、短い昼寝をして疲れをとろうとすると外で声がして、起き出して応対したり……。

話してみると、お一人お一人それぞれ誠実で、熱意にあふれるとてもいい方ばかりなのですが、とにかく数が多すぎて、受け入れる態勢を整えることができず、参ってしまいました。一カ月二〇〇人を超えていたのではないでしょうか。

二〇〇七年にはピースボートの船が八戸港に寄港し、その中の希望者が六ヶ所村を訪れました。六ヶ所村にきた人たちは二手に分かれ、泊漁港と花とハーブの里をそれぞれ見学しました。花とハーブの里にはミュージシャンのＳＵＧＩＺＯさんや韓国の方など一〇〇人あまりが見えて、バーベキューを楽しみ、農作業の手伝いも少ししていただきました。この時はスタッフが何人もいたのですが、慣れないことなので不手際も多く、後で聞くとＳＵＧＩＺＯさんのお母さんにも食器を洗って頂いたりしたそうで、恐縮してしまいました。

その後も訪問客は続き、できる限りの対応をしてきたのですが、初めて六ヶ所村の問題を知ったという人が多く、六ヶ所村の案内をし、話をするだけでも疲れてしまうのです。実現はしませんでしたが、初心者用のレクチャービデオを作成できないかと、真剣に考えたものです。

二〇〇九年には少し落ちつき、夏場の最盛期でも畑の支援者も含めて一カ月一〇〇人を超えることはなくなったので、ようやくほっとしました。


いま思うと鎌仲さんとの出会いは、燃え尽きる寸前だった私にとって大きな救いでした。花とハーブの里、そして六ヶ所村での反対運動は、どんなに力を尽くしても先の希望が見えず、体力的にも経済的にももう限界だったのです。

鎌仲さんとそのチームの方々が時々「牛小舎」に泊まり映像を撮っているときには、長い間忘れていた笑いが暮らしの中に戻ってきました。そして季節はずれの降雹《こうひょう》でチューリップの花が全滅したときには、山内雅一さんが折れた花でブーケを作り、鎌仲さんのアイディアでポストカードができたのです。私には思いもよらないことでした。このポストカードの売り上げは、日本各地での『六ヶ所村ラプソディー』自主上映会からいただいた多額のカンパと共に、その後数年、経済的な支えとなってくれました。

映画は、私が反対運動を続けながらずっと目指してきたこと、どんなに努力しても運動の中では実現できなかった「普通の生活をしている人たちに六ヶ所村の問題を考えて欲しい」という願いを、一気にかなえてくれたのです。

公開以後、花とハーブの里を訪れる人々の熱気には圧倒されました。六ヶ所村の問題を伝えるなら、現地で受け入れガイドをするスタッフがぜひとも必要だと痛感したものです。

さいわい狂騒の時期は過ぎましたが、映画を観てその後長い間六ヶ所村を思って下さる方も多く、花とハーブの里でも継続的な支援者が増えています。並行して「反対運動」はしたくないが「環境保護」をしたいという若者のグループも出てきました。いままでの「運動」と少し違う形での連携も生まれました。

いままでたくさんのすてきな方々と出会いましたが、今年はまた一段とすてきな方々との出会いが生まれています。その方々が放射能汚染の問題を周りに伝えていくことで、より多くの人々がこの問題に気づくでしょう。そういう人たちが増えたら、社会を変えることも夢ではなくなります。

地元の支援者たち

隣町の農家のNさんはうれしいお客様です。三年前にチューリップまつりの看板を見つけ、それをたどって来て、畑で草取りをしている数人の若い女性に会い、話を聞いてみたのだそうです。女性たちは『ラプソディー』を観て来て下さった方や映画公開の前からチューリップ畑の援農に来て下さっている方々でした。

Nさんは「核燃施設にそんな問題があるとは知らなかった」とも話していましたが、一番驚いたのは「都会の若者が自費で交通費を払い、善意で農作業をしていた」ことだとうかがいました。「こんな人たちに初めて会った」とも。

それ以来、農作業の合間を見ては、おやつやお酒、自家製の野菜を持って来てくださるようになり、お米も一年分寄付してくださるなど、強力な支援者になってくださいました。

ご近所ではないのですが、岐阜県からキャンピングカーで毎年来てくださる方もいます。和菓子屋のお店を息子に譲り、定年後の人生を楽しもうというその方は、ここに書くのは恥ずかしいのですが、汚れきったわが家の浴室をきれいに洗い、乱雑な道具置き場の道具を仕分けして、使いやすいようにしていってくださいました。

同じ年に訪れたこのお二人は私と同年代で、率直に自分の気持ちを話してくださるところもよく似ていらっしゃいます。支援以上にそのお気持ちがとてもうれしく、励まされたものです。

お名前は出せませんが、他にも地元で支援してくださる方が少しずつ増えてきました。これも、直接、間接に、映画とは別にいろいろなきっかけで関心をもってくださった方々ですが、映画公開とほぼ同時期だったのは、偶然とはいえ不思議な現象です。

これからも、地道にチューリップまつりを続けることで、私たちの反対運動に共感してくださる方が少しずつでも増えていってほしいと願っています。

Ⅶ　「牛小舎」春秋

「牛小舎」の冬

当初は雨風をしのげて、電話と水とトイレがあればいいと始めた簡易宿泊所、「牛小舎《うしごや》」。水と電気はありますが、文字通りの牛舎を人が泊まる場所にするのは大変なことでした。「牛小舎」は数年がかりで、入れ替わり立ち替わり、何人もの方の力を得て、改造されていったのです。ご協力くださった皆さんには、本当に感謝しています。

三年前の二〇〇七年には、若者二人が一冬住み込み、T建設の社長さんの指導を受けながら喫茶店風に改造してくださり、素人建築だったベランダは、T建設の大工さんにゲストハウスとして改築していただき、太陽熱温水器も設置することができました。

その改造をしている間も、宿泊客は続きます。

「冬の六ヶ所村を体験したい」というカップル。一月の「牛小舎」に泊まり、「買ってきたおにぎりや口紅が凍っていた」と驚いていました。寒いときはマイナス一〇度以下になるのですから無理もありません。

水道の元栓を閉めておいても残った水が凍って春まで水道が使えないので、バケツやボールに水を入れておきます。いつもそのまま氷になっているのですが、そのボールにネズミが氷づけになっていたり、雪が入り口の扉を覆い隠し凍りついて、中にいた人が出られず、スコップで雪を片付け、やかんのお湯で溶かして「救出」したことも。

「牛小舎」には外国からもいろいろなお客様が見えました。イギリス、アメリカ、フランス、韓国、カナダ、オーストラリアなどなど。

改装がまだ進んでいない初期の団結小屋に泊まった方はお気の毒でした。いまもあまり変わりませんが、外との境はすきま風を防ぐための防水の紙一枚なのですから。そして車といえばいまにも止まってしまいそうな軽のオンボロワゴン。

冬に泊まった韓国の女性は、「顔が寒い」と怒っていました。摂氏〇度ぐらいで比較的暖かい日だったのですが、部屋全体が暖かいオンドルで暮らしている人には、布団に潜るということは考えられなかったのでしょう。それでも国際的な反対運動をしている皆さんはたくましく、ほとんどがにこやかな態度を崩さないでいてくださるので助かりました。

訪問者は一晩か二晩泊まり、抗議集会に参加してお帰りになるのですが、英語はまったく話せない私でも、単語一つと身振りで気持ちは通じるということもわかったのです。それぞれの個性や表情、そしてボディランゲージでなんとなくわかるのですから、みんなに驚かれてしまいます。とはいっても内容のある話はできないので、時間ができたら英語くらいはきちんと勉強しようと思いつつ、いまに至ってしまいました。来年こそ……。

日々のきびしい労働の中で

春の共同行動や高レベル廃棄物の搬入など、何かのアクションがある時には大勢が、その他の時には「牛小舎」の改造や畑の手伝い、産直の手伝いなどで、途切れることなくいつも数人が、「牛小舎」には泊まっていたようです。

アクションだけではなく、「核燃から海と大地を守る隣接農漁業者の会」では、議会や首長への陳情、請願、議員への働きかけを重視して行ないました。

農作業が終わってから、食事をする時間も惜しんで我が家や「牛小舎」に集まり、話し合う中でプランを決めていきます。漁師さんの場合は夕方から漁に出る人が多いので、夜の集まりに出られないこともあり、残念でした。

どこに何を要求するのか、どう訴えるのか。話し合ううちにそれぞれの中で考えがまとまり、それをくみ取って文書にする。文書にする作業は、はじめは島田恵さんが、少し慣れてからは私が担当しました。

文書は各地域の農家や漁師の方に読んでもらい、署名、押印をしてもらったうえで議会や町長に提出するのですから、時間がかかります。六ヶ所村と隣接市町村を廻ると、その距離二〇〇キロあまり。農家は朝早く、漁師さんは漁から帰った直後などの制約もあり、数日かかるのですが、安全協定の締結前に申し入れ、マスコミにも取り上げてもらわなければならないなどの日限もあります。一時期はこの文書を回すために、徹夜で隣接市町村の会員宅を廻ったこともありました。朝早くから肉体労働をする農家は、夜にはぐっすり眠らなければ体がもちません。反対運動のための会議などはまったく余計な負担です。それでもみんな集まり、話し合いを続けたのですから、その行動には迫力がありました。

貴重な農作業の時間を割いて各市町村を訪ね、農民や漁民の思いを訴える真摯な姿勢は、一時期マスコミにも大きく取り上げられ、話題になりました。

しかし、事業が進み、申し入れの回数が増えるにつれ、テレビや新聞で取り上げられることも次第に少なくなっていったのです。

公安

機動隊と対決する前には、非暴力直接行動のロールプレイもしました。科学技術庁の役人、原燃（日本原燃㈱、核燃施設の運営事業者）の社長、警官など役割を決め、市民側と対決したりするのです。お芝居とはいえ、その役になりきると臨場感にあふれ、緊張しました。

ロールプレイ後の話し合いで「警官の役だったけど、罵られるとむっとする。暴力的になってしまう」、「科技庁の役人も同じことしかいえないのは辛いだろうなと思う」など、違う立場だと見方も変わるという、当たり前のことだけれど思わぬ発見もありました。

春の共同行動と高レベル廃棄物の搬入、チューリップまつりが重なり、たくさんの人が「牛小舎」に泊まっていたころ、前日の夜遅くまでミーティングをして、翌朝早く、数台の車に分乗してむつ小川原港に出かけました。

たまたま一人の学生が体調を崩して残っていたのですが、みんなが出かけて少したってから、数人の男性が「牛小舎」の戸をガラッとあけて入ってきたそうです。二階にいた学生が「どなたですか？」と聞いたら、何もいわずすぐに帰ってしまったと。

それを聞いて愕然としました。おそらく公安警察。話には聞いていましたが、そこまで無法なことをするとは思っていなかったのです。

日本は法治国家です。お巡りさんは法律を守る人のはず。そして弱い者の味方だと私は思っていました。ところがむつ小川原港に行くと、そのお巡りさんが機動隊として輸送隊を守り、猛毒の放射能のゴミを六ヶ所村に運ぶ手伝いをしているのです。みんなの税金で機動隊が私たちの村を汚していく。実に腹立たしいのですが、現実はそうなのです。

「もう税金なんか払わない」（実際にはそうもできませんが）、「あんたたち、誰を守ってるんだ。守る相手が違うだろう」という罵声も、納得できるというものです。

小学二年だった次男が熱を出し、学校を休んだ朝も、「お昼までには帰るから。ごめんね」と早朝に出かけなければなりませんでした。港にはもう輸送船が入り、抗議集会が始まっています。国道の両側に機動隊員が並び、阻止線を張って人の出入りを妨害していました。

そろそろ七時。学校に息子が欠席するという電話をしなければならないので、道路を渡り公衆電話を探しました。でも、公衆電話がゲートの右にあったのか左にあったのか思い出せません。ふと思いついてそばの警官に「この近くに電話がありませんでしたか？」と聞いてみました。するとしと「ああ、あるよ。ここをずっと行けば」という返事。思わず聞き返しました。ずっと行けば平沼に出ます。そこまで一〇キロ。馬鹿にされたのだとわかり、むっとして反対側に行こうとすると、腕をつかんで通さないようにするのです。高熱を出し一人で寝ている息子や、家の近くで待つスクールバスが頭に浮かび、街宣車のアピールも重なり、カッとして「その手を離しなさい！」と叫びながら夢中で、持っているノートで警官の腕をバンバン叩いてしまいました。

いま思えば無謀というしかありませんが、その時は、向かい合った道ばたでやはり警官に阻まれながら泊のTさんがめざとく見つけて、「その手を離せー、乱暴するな！」と大声で叫んでくれたので、その場は無事に過ぎました。普通の時なら警官に暴力を振るえばそれだけで罪になるはずですが、反対運動の市民逮捕という大事にはしたくなかったのでしょう。

この時にかぎらず、抗議行動はどこまでが許容範囲か、私たちは慎重に見極めるようにしていました。逮捕という事態になれば、日常生活が壊れてしまうからです。

花と歌と阻止線と

九五年の高レベル廃棄物の初搬入時。明け方、「牛小舎」で車いっぱいの人を乗せ、昼食も積んで、むつ小川原港へ。港までの国道には何カ所かの検問があります。検問で止められると、免許証を預かって返さないなどの嫌がらせを受け、抗議行動に遅れるため、私たちは秘密のルートを開拓していました。

検問に入る手前で山道に入り、道なき道を疾駆して、港の直前で国道へ出るのです。乗っているみんなは思わぬ冒険に大喜びでしたが、待ち構えていた検問の警官たちはうろたえたようです。翌日、その道は通行止めになっていました。

港の正門前の信号は、国道を挟んで原燃の専用道路に続いています。放射性廃棄物の陸揚げのたびに、機動隊がこの国道の両端を通行停止にし、その閉鎖された路上で座り込み、ダイ・インして抵抗する私たちを排除するのです。

といっても、暴力的にではなく、極力手荒な扱いは避けるようにしているのですから、青森県警機動隊は見上げたもの。二度目のウラン搬入時からは、私たち女性を排除するために、女性警官を動員するようになったくらいです。

女性警官は屈強な機動隊員に比べるときゃしゃな人が多く、一人を排除するのに四人がかりで運んでもらうのですが、それでも息を切らせていたほど。申し訳ないと思いながらも、脱力して・・・・じっとしているには意志を総動員しなければなりません。

輸送船から廃棄物がトレーラーに降ろされ、国道沿いに機動隊が阻止線を張ると、もう搬入間近。シュプレヒコールが高まり、港の前を通過する一般車がスピードを落としてクラクションを鳴らし、「ガンバレよー！」と大声を出す中で、私たちは花を持ち歌を歌いながら、阻止する警官のすき間を縫って座り込むのです。

前日のミーティングで「この歌を歌い始めたら道路に出ようね」、「この歌で座り込みを始めましょう」などと打ち合わせずみ。反核燃ソングといわれたフォークソングや替え歌、時には童謡や唱歌、賛美歌などを歌いながら、みんながばらばらに動き始めると、どこかで阻止線が破れ、トレーラーを止めるという目的は達成できるのです。

三〇分～一時間が、止められる時間の限度でした。

「逮捕」の周辺

逮捕者を出さない。引き際を見極める。それが非暴力直接行動をする私たちのアクションの申し合わせでした。といっても、抗議集会には私たちだけではなく、いろいろな団体、いろいろな考え方の人たちが来ています。「女たちのキャンプ」の仲間は申し合わせに沿って動いていましたが、それ以外の人たちが飛び入りで抗議行動に参加し、何度か逮捕者が出たのは避けられないことでした。

ウラン搬入時の逮捕（九一年）に続いて、高レベル廃棄物の第一回搬入時（九五年）にも逮捕者がでました。一年前に村に住み込んだHさんが、高レベル廃棄物の陸揚げ専用クレーンによじ登り、ペンキスプレーで「核　NO！」「命が大事」とクレーンにメッセージを噴射したのです。港は大騒ぎになりました。逮捕覚悟の決死の抗議行動です。

この時も市民グループの有志が救援活動を組織して裁判などを応援しましたが、私はその活動には加わりませんでした。毎日が忙しく疲れ切っていたこともありますが、それがどんなに華々しいアクションでも、つかの間に終わる行動と、延々と続けなければならないその後のフォローのことを考えると、どうしても納得ができなかったからです。

Hさんはこの後、起訴されて実刑判決を受けました。覚悟した上での行動とはいえ、六ヶ所村での抗議のために大きな犠牲を払ったのです。

どうされているのかとずっと気になっていましたが、長い年月を経て昨年（〇九年）の春、「牛小舎」で開催した「自然エネルギー学校」に参加したHさんと久しぶりに再会することができました。

ハンサムな好青年だったかつての面影もそのままのHさんも、きっといろいろな経験を重ねてこられたのでしょう。お元気そうでほっとしました。

＊

九一年の初めてのウラン搬入は、私にとっても初めての機動隊との対決でした。

一日中、再処理工場のゲート前を占拠するために、みんなと歌い踊り、フランスデモで輸送隊と対決、ダイ・イン、排除を繰り返してウランが搬入され、門の前で抱き合いながら泣き崩れていたとき、「逮捕された」、「IさんとKさんが連れて行かれたぞ」という声があがりました。疲れ切っていたのですが、みんなまた立ち上がり、車に分乗して三〇キロ離れた野辺地警察署へ駆けつけたのです。

私はいったん家に戻り、子どもたちの夕食を作ってから行ってみました。警察署を取り巻いて二十数人がハンドマイクで抗議をし、音を出し、歌を歌っています。

静かな夜の町の中で、その騒ぎはいかにも異様に見えます。マイクを持っていた小木曽茂子さんがアピールを終え、私に気づいて「いま浅石弁護士が接見に行っている。もうすぐ様子がわかるから」と教えてくれました。「後ろの自転車屋さんがおにぎりを差し入れてくれた」とも。よく覚えていないのですが、この時は逮捕されたお二人がすぐに取り調べに応じ、起訴されず、数日で釈放されたように記憶しています。

誰かが逮捕されると、市民グループは救援組織を組み、弁護士に接見してもらい、逮捕された人は、取り調べの様子や自分の希望を仲間に伝える。取り調べに応じないと長期拘留され、場合によっては起訴されて実刑を受ける、ということも、アクションを展開する前の非暴力トレーニングで教えてもらっていました。

他にも、逮捕されると、その救援対策でたくさんの人の時間と労力が必要になること、普通の生活をしている市民グループでは、逮捕されるとそれだけで大変なショックを受けること、でもアメリカやドイツなどで非暴力で抗議している人たちは、逮捕を恥とせず、五〇人、一〇〇人と大量に逮捕され、留置場の収容能力を超えさせたり、警官の仕事を増やしたりして抵抗する方法をとることもある、などなどを教えてもらいました。

国家権力と対峙する市民。なんてかっこいいんだろうと思っていましたが、気がつくと私もその中にしっかりと入っているのです。でも逮捕なんてされたくない。冗談じゃない。そんなことになったら、誰が子どもたちの面倒を見てくれるのか。そう思いながらも、機動隊と対峙し、阻止線の内側に囲い込まれるとき、「いいかげんにしてよ！」と暴れ出したくなるくらい腹が立ち、やりきれない思いを感じていたのです。

恥ずかしながら、非暴力直接行動の体現者とは、ほど遠い実態でした。

古靴作戦

「牛小舎」にはいろいろな人やモノが集まります。ある時には全国の方々にお願いして古い靴を送ってもらい、その靴をむつ小川原港のゲート前に並べました。港から陸揚げされた核廃棄物を再処理工場に運ぶトラックを、古靴で通せんぼするためです。回数を重ねるにつれて座り込みをする人が少なくなっていましたから、人数の少なさを補う意味もあったのです。

「古くなった再処理工場は使えなくなった古靴とおなじ」「古靴は再処理を止めるための第一歩」と呼びかけたところ、全国から靴が続々届き始めました。スニーカーやハイヒール、ブーツや、赤ちゃん・子どもの靴などが山のように。

メッセージがついている靴もあります。その靴を何百足もゲート前に並べ、ところどころに花を飾ると、絵になる風景ができあがります。核廃棄物を積んだトレーラーがゲート前に並び、機動隊が出てくると、私たちも座り込みのチャンスを狙いながら、その靴をどうするのだろうと興味をもって見ていました。トレーラーが踏みつけて通るのなら、それはそれで象徴的です。

テキもそう考えたのかはわかりませんが、私たちが排除され、警官の体で国道が見えなくなり、トレーラーが通過した後に、隅に山積みされている靴が見つかりました。どうやら機動隊が阻止線を張ってから、人海戦術で靴を片付けたようでした。

あまりの律儀さに笑ってしまいましたが、子どもや赤ちゃんの靴を手に持った人は、少しは胸が痛んだかもしれないと思うと、やった甲斐もあるというもの。古靴作戦二回目以降は、機動隊が阻止線を張った直後に、スノーダンプでザッーと片隅に寄せていました。私たちもアクションが終わると、几帳面に靴を拾い、持ち帰っ

1997年３月18日、高レベル放射性廃棄物の第２回搬入時。（写真：島田 恵）

たのです。

古靴とはいえ、まだかなり履けそうな高価な靴もあり、そういう靴は抗議行動が終わった後も「牛小舎」の住人たちが長い間利用しました。一度は、アクション中に通りかかった老人が、「これまだ履ける」と持って行ったことも。

機動隊との対決も終わった数年前、他のゴミとともに大量の古靴を村の最終処分場に持って行きました。あのとき送っていただいた赤ちゃんや子どもの小さな靴を履いていた人は、いまどうしているのでしょう。


靴に限らず、メッセージカードや写真、ストックや菜の花など、私たちは横断幕とともにいろいろなものをフェンスに張り付け、展示しました。

私ははじめのころ、警官に「そこに張らないでください」といわれると、「え、そうですか」と素直にはがしていたのですが、それでは抗議になりません。何回か繰り返すうちに無視して張ってもいいのだとわかってきました。「すぐに終わるよ」「イヤなら自分ではがせよ」などといい返す人もいて、自分ではとてもそんな勇気がない私は尊敬してしまいます。ガードマンがはがした横断幕はなくなるわけでもなく、後で必ず回収できました。

花や靴、メッセージカードなど、モノが増えるたびに「横断幕を張らないでください」という表示に続き、「花を置かないでください」「靴を置かないでください」と表示が増えていきます。

なんとも律儀に対応してくださるので、相手がきちんと受け止めているとわかり、張り合いがあります。

むつ小川原港ゲート前での機動隊との攻防は、二〇〇一年、原燃が土地を買って高架道路を作り、放射性廃棄物を港の敷地から、一般市民が立ち入れない専用道へ直接運び込むようになって終わりました。

日本原燃は放射性廃棄物の搬入のたびに県警機動隊の出動要請をしなくてもすむようになったのですから、ほっとしたことでしょう。抗議行動を展開する私たちも、度重なる搬入・搬出と、それぞれの家庭の事情で集まるのが難しくなっていたのですから、やめる口実ができてほっとしたというのが正直なところ。

機動隊との対決がなくなったいまも、豊原の集落を見廻る覆面パトカーは続いています。

村の選挙

地方の選挙はどこも似ていると思いますが、都会の選挙とは違います。村議選ではわざわざ選挙カーを出す候補者も少なく、「地縁・血縁・金の縁」で当選者が決まっていくのが普通です。村に帰って初めてその事実を知り、なんとも消化しにくいものを感じました。松戸でなじんできた民主的な選挙とはまったく異質だったからです。

議員はその出身集落の利益を守るという期待を担い、地縁血縁でつながる人たちの便宜も図らなければならないのですが、村の議員名簿で驚いたのは、日本原燃関連の仕事を請け負う会社の役員が、圧倒的に多いことでした。厳密にいうなら法に抵触するのですが、ここでは問題にもならないのです。

特に六ヶ所村は、選挙では無法地帯。まったく取り締まりの手が入らないのです。

選挙が始まるころになると、国政レベルの選挙でも露骨な買収工作が始まります。政界や経済界、事業者などから表に出ない多額のお金が村に流れ込み、「選挙は六ヶ所村のもうひとつの産業」ともいわれるほど。「ウチは○票あるから○万円もらった」と自慢する人もいて、それを聞いたある女性が、「まったく情けない。あんなことを堂々と話しても逮捕もされないんだから」と嘆いていたことがあります。

金権選挙ともいわれるこの風習は他の市町村にもありますが、そこでは警察の介入があり、それほどひどくはならないようです。六ヶ所村の場合は巨額のお金が動き始めた「国策」、むつ小川原開発が発端だったようですが、同じ村民でも全員が買収の働きかけをされるわけではなく、もちろん私にはそんなチャンスはないので、いつ、誰から、どのように、という詳しいことはわからないのが残念。「お金はもらってもいいけど、投票は反対派に入れてくれるといいのに」と、「隣接農漁業者の会」の会員と嘆き合ったこともあります。

実は私も二〇〇三年に村議選に出たことがありますが、見事に敗れました。一年前から村内の戸別訪問を始め、二度三度と戸別訪問を繰り返したうえで臨んだ選挙で、住民の反応も期待できるものでした。いろいろな方が応援に来てくださり、その中でも現職議員のYさんが「あの反応はすごい。絶対受かるよ」と太鼓判を押してくださったほど。

前年の村長選挙で村に住む反対運動の先輩たちと意見が合わずに気まずくなり、それまで一緒に動いていた県内の仲間も応援してくれないという中での選挙。少数でしたが、事情を知りながら応援してくださった方々もいて、本当にうれしくなったものです。

選挙カーで呼びかけて廻ると、畑から手を振ってくれたり、街頭演説では固い握手をしてくれたり、という村内の反応を見て、ギリギリで当選できるか、と期待していたのですが、結果はなんと四三票！　当確ラインは二五〇票ですから、かすめもしなかったのです。

あんなに恥ずかしかったことはありません。二度と顔をあげて表を歩けないと思いましたが、翌日からチューリップまつりが始まり、抗議行動も続き、選挙結果で落ち込むゆとりがなかったのは、むしろ幸いだったのかもしれません。

落ち着いてから、地縁血縁ではないあの四三票は誰が入れてくれたのだろう、とよく考えました。村では一度だけ女性が村会議員に立候補したことがあるそうです。学歴も高く婦人会の仕事などもしていたけれど、獲得票は一〇票に満たなかったと、その方が話してくださいました。「六ヶ所村では民主主義なんて無理です」とも。

選挙に出たのはその一度だけでした。続けていればあるいは当選できていたかもしれないのですが、次回からはもうそんな体力もありませんでした。といっても、反対派の議員が一人だけで議会が変わる訳でもありませんが、公開の場で討論をし、記録に残すことはできたはずです。応援してくださった方々にはそこまでできなかったのが申し訳なく、とても残念です。

近所づきあい

子どものころから知っている集落の人たちは、帰郷した私たちを暖かく迎えてくれましたが、半年後に私が反対運動に関わり始めてからは、少しずつ様子が変わっていきました。

手づくりの情報誌「うつぎ」や反核燃チラシの配布、覆面パトカーの見廻り、大勢の見知らぬ人たちの出入りなど、それまでの静かな生活では考えられなかったことをしているのですから無理もありません。「村の中で騒ぎを起こされるのは困る」ともいわれました。

チューリップまつりを始めてからは、近所の女性たちが見に来てくれるようになりました。少し警戒されているようですが、共同作業などはいまも仲良くしています。

はじめ全戸配布していた「うつぎ」は、数年後から有料で希望者のみに届けるようになりました。村内からの申し込みは二〇人足らずでしたが、その中で私の住む豊原では三人の方が購読してくださり、心強く思ったものです。

九三年春のはじめてのチューリップまつりは、二万本のチューリップを植えました。たった一日だけ花摘みを呼びかけたのですが、反響は思いがけないほど大きく、特に駐車場も用意しなかったので、車が道にあふれて収集がつかなくなったほどです。

問い合わせの電話も間断なく鳴り続けます。せいぜい二〇～三〇人で花摘みをするだけと考えていたのですから、慌てました。

このときは終了後、お隣にお詫びに行きました。小学生の次男もついてきてくれたのですが、「駐車場の用意もしないで人を呼ぶのは良くない。俺はそんなやり方は好きじゃない」とたしなめられました。まったくその通りでただ謝るしかありません。

普段は優しいおじさんで、牛舎に入り込んだ鳩をつかまえて次男に持ってきてくれたこともあります。うちで飼っている猫たちが牛舎のネズミをよく捕るので奥さんも喜んでいるのですが、このときはチューリップまつりにきた車が大切にしていた花を踏んだ、と怒っていました。

やはり酪農家のMさんの奥さんは、ときどき、「牛小舎」に人がたくさん泊まると、絞りたての牛乳を大きなペットボトルに入れて、何本も届けてくれました。

K大学の先生お二人が「牛小舎」を訪問していたとき、その奥さんが「牛の仔が腹から出てこない。手伝って」と駆け込んできたことがあります。その日はいつもいる住み込みの福沢さんも出かけていたので、その場にいた二人の先生方にお願いするしかありません。仔牛の足にロープをかけて引っ張り、牛のお産を手伝って帰ってきた先生は二人とも青ざめて、まだ話の途中だったのですが、早々に引き上げていきました。ショックが強すぎたのでしょう。申し訳なかったと思います。

Mさん夫婦は七〇代。息子さんは教師を、娘さんは看護士をしていて跡継ぎもいないので、昨年の夏、酪農をやめました。もうあのおいしい牛乳を飲めないと思うと残念です。

「牛小舎」から「スローカフェ　ぱらむ」へ

私たちの必死の反対運動にもかかわらず、核燃サイクル基地ではすでに四施設（ウラン濃縮工場、低レベル放射性廃棄物埋設センター、高レベル放射性廃棄物貯蔵管理センター、再処理工場に付随する使用済み核燃料貯蔵プール）が、次々と地元自治体と安全協定を締結し、操業してきました。核燃サイクルの要である再処理工場だけは、ガラス固化体の製造ができずに停止していますが（二〇一〇年七月現在）、名実ともに核燃城下町になってしまった六ヶ所村では、もう機動隊と対峙する機会もなくなっています。

団結小屋としての役目をほぼ終えた「牛小舎」はいま、六ヶ所村見学や農業体験ができる宿泊場所として、杉の間伐材で作ったゲストハウスを増設し、「スローカフェ　ぱらむ」になって蘇りました。「ぱらむ」は韓国語で「小さな風、希望」という意味です。

なぜ韓国語で？　とよく聞かれますが、私は韓国の反原発運動に招かれて一緒に行動する機会がありました。韓国ではとにかく人々の思いが熱く、デモで歌う歌声ものびやかで、「五体投地」をしながらのデモやローソクデモなど、時間を惜しまない行動をずっと尊敬していました。ゲストハウスの建物がほぼ完成したそのころ、ＷＷＯＯＦ《ウーフ》＊として韓国の学生が来ていて、その方がとてもすてきな女性だったので、韓国への好感度もずっと高まっていました。

それとは別に同じころ、大阪からきたある出版社の編集者で、在日三世の方が「牛小舎」に泊まり、話のついでに「カフェ」の名前を決めかねていると話したところ、あとで「この言葉はどうでしょう」と提案してくださったのです。

「ぱらむ」。アジア的な響きもあり、しかも発音しやすい。その方に好感をもっていた単純な私は、すぐに決めてしまいました。

「カフェ」は、春から夏秋にかけて、イベントや集会などにフル活用しています。

激しいアクションもなくなったいまは、かつての「団結小屋」も、「癒しの場」としてアルコールを解禁し、楽しい宴会になることも増えました。核燃のことを何も知らない人たちが訪れてチューリップ畑

＊ＷＷＯＯＦ（ウーフ）＝国際的な有機農業の支援組織。登録者（ウーファー）が有機農場での労働を提供するかわりに、農家は宿泊・食事を提供する。

の手伝いをし、地元の人たちと話し合ったり、環境問題を学習していく場にもなっています。老若男女さまざまな年代の人たちが合宿し、寝食を共にすることで、お互いに学び合うことも多いようです。

今年からは「反核燃ＰＲ館」として、六ヶ所村の反対運動の資料をそろえていけたらと願っています。

贅沢な休息

反対運動、両親の介護、子育て、農作業と、何もかも並行してきた年月、体に無理がかかっていたのでしょう。私は一〇年ほど前から大病をすることが多くなりました。

二〇〇〇年三月、母の昼食のしたくをしようと台所に立ったとき、右半身に強烈なしびれを感じました。数分で収まりましたが、何度も繰り返してしびれが襲います。異常を感じて病院に行くと、「一過性脳虚血発作」と診断され、その場で入院することになったのです。脳梗塞を発症する寸前でした。

当時は、認知症で目も見えず足も不自由な母と暮らし介護をしていたので、私が入院すると母は一人になってしまいます。ヘルパーさんに連絡したり、施設に一時入所をお願いしたりと、電話で必死に手配しました。ようやく落ち着いてから病院のベッドに入り、検査や食事の時間のほかはただ眠り続けたのです。思いがけない贅沢な時間でした。

一カ月の入院期間中、Mさん、Sさん、Aさんなどが次々にお見舞いに来てくださったのですが、体は痛くないし、しびれがどんなに深刻なことなのかも実感できず、ただ恐縮してしまったものです。

入院中に高レベル廃棄物が搬入されたのですが、その抗議行動に参加できないのが申し訳ない思いでした。退院してから通院と服薬が始まりました。

二〇〇五年九月、真夜中に腹痛で目が覚めました。トイレに行き下痢をしたり吐いたりしましたが、だんだん痛みがひどくなり、最後には動けなくなってしまったのです。痛みが襲うたびに目の前が真っ赤になります。

ようやく電話をかけ救急車を呼んで、這うようにして玄関に降りました。ウーファーの男性が一人「牛小舎」に泊まっていたのですが、助けを呼ぶこともできないほど。

この時は「腸重積と盲腸癒着」でした。救急車を呼べなかったら、死んでいたのは確実でした。大腸と盲腸を大きく切り取りましたが、この手術の後遺症は何年も続きました。

二〇〇九年七月、朝起きたら右手の指に力が入らず、箸や歯ブラシを使えないことに気づきました。春から忙しくて病院にも行かず薬も飲んでいなかったので、ひょっとして脳梗塞かもと思い当たります。

自分で運転しておそるおそる病院に行き、ＭＲＩの撮影をしてもらうと、すぐに脳梗塞とわかりました。次にくる大きな発作を予防するために入院、点滴、安静を命じられ、即座に車の運転も禁じられたのです。

翌日から北海道での講演会を予定していたのですが、どうしようもなくキャンセルし、準備して待っていてくださった皆さんには大きなご迷惑をかけてしまいました。

入院している間の仕事の指示も必要なのですが、思ってもみなかった事態に頭は空回りするばかり。駆けつけてくれた住み込みスタッフのＴさんやウーファーのＹさんと相談していると、看護婦さんに「いまは安静にしないと」とたしなめられました。申し訳なかったけれど、あとはお二人にいっさいお任せしてベッドに入り、このときもずっと眠り続けたのです。

「ラクナ脳梗塞」でした。ラクナとは小さいという意味だそうです。軽い麻痺ですみ、後遺症もほとんど残らなかったのは幸運でした。

チューリップ畑の草取りに来てくださるシルバー人材センターの女性たちは、「百姓の五〇、六〇は働き盛りさ」と、いつも驚くほど元気です。私もそのつもりでいたのですが、いまの状態では無理をすると半身不随になりそうで、あまり働けなくなってしまいました。残念ですが、これからは残された体力の範囲で、できることを選ぶしかないようです。

Ⅷ　再処理工場、稼働

ウラン試験開始

二〇〇四年一二月二一日、六ヶ所村再処理工場で初めて放射能を使うウラン試験が始まりました。工場内部の配管は総延長約一三〇〇キロメートル。その間に配置される一七の工場には、メンテナンスが必要とされる機器が一万基あるそうです。このすべてに放射性物質が流されます。もし、原子力政策が数年後に変わったとしても、この建物はもう他の用途には使えず、ただ封鎖しておくしかない巨大なゴミになるのです。

この朝、抗議行動のため、再処理工場正門前に集まった反対派は約二〇〇人。私は激しく吹き付ける吹雪の中で震えながら、横断幕を握りしめ、シュプレヒコールを聞いていました。

県会議員の鹿内博さん（現・青森市長）が、街宣車の上に立ち、道の駅で買ってきた葉付きの大きなダイコンを振り回しながら「ウサギ追いしかの山～」と「ふるさと」の唱歌を怒鳴るように歌っていたのを思い出します。少し調子外れの歌声に、寒さにかじかんだ顔でみんなほほえみ、声を合わせていました。あのとき鹿内さんのお顔がぬれていたのは、雪のせいだったのでしょうか。

頻発するトラブル――試運転終わらず

日本原燃は二〇〇六年三月三一日、再処理工場の最終試験（アクティブ試験）を始めました。これは試運転とはいえ、約四三〇トンの使用済み燃料を処理する実質的な操業といえます。そして海や空に、実際に放射能が放出されるのです。

しかし、頻発するトラブル（事故や機器の故障等）で試験は難航し、二〇〇八年七月には高レベル廃棄物のガラス固化体を製造するガラス溶融炉が故障して動かせなくなり、以後今日（二〇一〇年七月現在）まで停止したままになっています。

ガラス固化体を作るために、セルという分厚いコンクリートで作った密閉した部屋の中にある装置を遠隔操作するのですが、度重なるトラブルで、急ごしらえの装置を使って遠隔操作を続けるうちに、溶融炉上部の耐火レンガが崩れて、セルの床に落ちてしまったのです。

セルの中は高レベル廃液で高濃度に汚染されていますから、人が立ち入ることはできず、中を確認するには窓からのぞくしかないのですが、その窓が小さいため、落ちたレンガが砕けているのかどうかすらわからないのです。わからないまま、遠隔操作でレンガを取り除く器具も作らなければならないという状態。

このレンガを取り除いてから内部を洗浄し、改めて溶融炉を熱して、ガラス固化体の製造に入るのですが、いまのところ日本原燃は、この全工程の完了を二〇一〇年一〇月と発表しています。

しかし、本当にそれまでに修理ができるのかどうか、厳しい状況に追い込まれていると、マスコミでも報じられています。

核のゴミ

再処理工場はたくさんの化学工場の集合体です。使用済み核燃料がつまった燃料棒をせん断し、ウランとプルトニウムを取り出すのですが、この過程で核のゴミは一〇〇〇倍以上に膨らんでしまいます。

その他に使用済み核燃料を包み込んでいた金属のゴミが年間一四〇〇トン、これも核のゴミとして出てきます。そしてこのすべてが、人類が永久に管理しなければならない放射性廃棄物になります。プルトニウムの半減期は二万四千百年ですが、半減期が何千万年にもなるＴＲＵ廃棄物（半減期の長い放射性物質が含まれる廃棄物）も入っています。

再処理工場の耐用年数はわずか四〇年。再処理工場が使えなくなってからも、これらの猛毒物質は永久に管理しなければならないのです。

回収できるのにばらまかれる放射能

再処理工場で使用済み核燃料をせん断すると、気体と液体の廃棄物からクリプトンやトリチウムも出てきます。この二つの放射性物質は、すべてが空や海に放出されてしまいます。その数値は、クリプトン85では年間三三京ベクレル、トリチウムは年間一九〇〇兆ベクレルと推測されています。クリプトン（二二五頁以下参照）一年間運転するだけで、過去の核実験による汚染を上回り、チェルノブイリ事故による汚染を一〇倍も上回ることになります。地球規模の大気汚染と環境破壊、健康被害が憂慮されるのです。

山田清彦さん（元三沢市議、核燃サイクル阻止一万人訴訟原告団事務局長）は次のように書かれています。

「日本はクリプトン除去装置の研究開発に、旧動燃時代から約一六〇億円もの大金をかけて、除去技術の開発には成功しています。

実は、六ヶ所再処理工場でも、事業指定申請前の一九八九年三月県議会に提出された設計図には、『クリプトン処理建屋』と『トリチウム処理建屋』が明記されていました。ところが、四カ月後に国に提出された申請書では、クリプトンやトリチウムを回収する貯蔵処理が技術的に困難だとされ建屋建設は放棄されてしまったのです。」「トリチウムとクリプトンの除去装置をつけることは、技術的には可能だけど、経済的には不可能だと言うのです。」（『再処理工場と放射能被ばく――下北「核」半島危険な賭け2』創史社）

フランス、イギリスの再処理工場は、近隣住民の健康に深刻な影響を及ぼしています。工場近くに住む子どもたちの白血病の発病率は、国の平均より高くなっているのです。再処理工場からの放射能が、ヒトの生命の基礎である遺伝子を傷つけることを示唆する調査報告も増えています。放射能は種類により数百年、数千年、数万年も環境中に存在しつづけ、地球や人体を汚染しつづけるのです。

環境保護団体グリーンピースが一九九七年、フランスのラ・アーグ再処理工場の海底排水口付近から排水を一五リットルサンプリングし、分析したところ、一リットルあたり二億九百万から二億一六〇〇万ベクレルの放射能が検出されました。ふだんの海水の放射能は一リットルあたりおよそ一二ベクレルなので、通常のおよそ一七〇〇万倍です。

また、グリーンピースは、イギリスのセラフィールド再処理工場から約一一キロメートル離れた地点の土も採取・分析しています。結果は、コバルト６０がチェルノブイリ周辺の立入禁止区域よりも高く、セシウム１３７も同じくらいの高さでした。そこは「立入禁止区域」ではなく、人々が暮らし、作物を収穫している場所です。

このイギリスの施設群は、大小さまざまな九〇〇件以上の事故を繰り返し、施設周辺海域や内陸部にまで汚染を広げています。（参照：『核の再処理が子どもたちをおそう——フランスからの警告』桐生広人写真・文、グリンピース・ジャパン編、創史社）

放射能は少量でも危険

国はもとより日本原燃はじめ日本の原子力産業界は、「放射線量が微量であれば人体への影響はない」との説を主張し続けてきました。再処理工場から排出される放射能も「拡散・希釈して濃度が薄まるからだいじょうぶ」などとうそぶいています。ですが国際的には、放射線の被ばく量に「しきい値はない」、というのが常識になりつつあります。

「しきい値」というのは、「少量なら問題はないけれど、一定程度を超えると影響が出てくる値」のこと。長い間、日本のみならず他の核・原発保有国の間でも、放射線量に「しきい値はある」、つまり「しきい値以下の低線量の被ばくであれば健康被害はない」ということが前提となってきました。

しかし近年では調査・研究が進み、「しきい値はない」ということが明らかになってきました。「しきい値はない」ということは、ごくわずかな放射線でも、被ばくすれば健康に悪影響を与える、ということなのです。アメリカの科学アカデミーなどでも、〇五年に「たとえ低線量の被ばくでも発がんリスクがある」と結論づけた報告書を出しています。

日本でも原爆症認定訴訟（大阪高裁）で、低線量の内部被ばくによって人体に健康被害が出ることを認定した画期的判決が確定しましたが（二〇〇八年五月）、日本政府も原子力業界もそしらぬ顔で放射能を大量にばらまく再処理事業を推進し、狭い日本にすでに五十数基もある原発をさらに増やそうと画策しています。

また日本では、医療の場においても、エックス線やCT検査などによる医療被ばくの率が、単位人口当たりで世界一となっています（国連科学委員会、二〇〇〇年報告。参照：『受ける？　受けない？

エックス線 CT検査』高木学校)。厚労省はもとより、お医者さんですら、放射線を浴びることのリスクについて無頓着なのです。

日本の為政者には、住民の健康よりも大切な何かがあるのでしょうか。

防災対策は

一九九六年から六ヶ所村では年に一度、住民も参加する防災訓練を行なっています。

原子力施設に重大な事故が起こり、環境中に放射能が漏れたという想定で、再処理工場から半径五キロ範囲内の風下の住民がバスで避難場所に運ばれ、放射線測定器で全身をスキャンしてもらうのです。小さい子が全身をスキャンされているのを見るとやりきれない思いがします。それが現実に起きないという保証はないのですから。

朝早く「これは訓練です」というアナウンスが流れ、サイレンが鳴り始めると、防災訓練の始まりだとわかっていても、胸がどきどきします。五キロ以遠の村民は各戸に備え付けられている防災無線で訓練の進行状況を聞くだけで、最後には「環境に影響はなく、事故は終焉しました。訓練はこれで終了します」というアナウンスを聞いて終わるまで、落ち着かない時間を過ごします。白状すると、いたたまれない思いがつのり、三回目の防災訓練の時は、村の外に遊びに行ってしまったこともあります。

再処理工場の最終試験が始まってから、日本原燃は二〇〇七年に八戸市民病院や青森労災病院と合同で被ばく医療の訓練を行ないました。また弘前大学病院とは、被ばく医療覚え書きを締結。二〇一〇年には、緊急被ばく医療専門講座（財団法人原子力安全研究協会主催）を弘前大学医学部コミュニケーションセンターで開始。全国の医療関係者三〇人が危機管理・患者対応などを学んだり、前川和彦医師の「ＪＣＯ事故の臨床経験を継続する」講演会を開くなどしています。

二〇〇七年、六ヶ所村再処理工場の直下に活断層が走っている可能性があることが、東洋大学の渡辺満久教授らの調査によって明らかになりました。しかもその断層は、下北半島太平洋岸沖合いを南北に走る、長さ八五キロにおよぶ「大陸棚外縁断層」につながっており、この断層全体が活断層である可能性があるというのです。もし合計一〇〇キロにわたるこれらの活断層が動いた場合、引き起こされる地震はマグニチュード八・三以上の巨大地震になると予測されています。

いま六ヶ所村再処理工場には高レベルの廃液が高温のまま貯蔵タンクに溜まっている状態ですから、もし地震が起きて電源が喪失したら、冷却ができなくなり、最悪の場合貯蔵タンクが爆発してしまいます。日本原燃に「その場合はどうなるのか」と聞いてみたのですが、「そういう場合は想定していません」「だいじょうぶです」「ありえません」というばかり。「電源車の用意はしているんですか?」と聞いてみても、「想定していないから用意していませんが、だいじょうぶです」……。

信じられないことなのですが、私たちはこういう状況の中で日々生活しています。

私が反対運動に関わり始めたころ、事業者や村長など推進側の人たちは、「日本では原子力施設の事故で人が死んだことはない、だから安全なんだ」といっていました。科学的な裏付けもない安全神話ですが、その後日本でも原子力施設に関わる痛ましい事故が次々に起きて、この安全神話は完全に崩れてしまいました。

いま、六ヶ所村の中で原子力施設の事故が起きたら、体育館に避難するだけで住民の被ばくは防げるのか、非常に疑わしい状況です。かといってどうしようもなく、ただ無事故を願うしかないのですが。

幸いにも六ヶ所村ではまだ、重大な事故は発生していません。

大規模な事故とその隠蔽

原子力施設ではこれまで大規模な事故や深刻なトラブルが起きており、その隠蔽も日常的に行なわれてきました。一部のおもだった事例を挙げてみます。

○95年　高速増殖炉「もんじゅ」ナトリウム火災事故

一九九五年一二月八日、核燃料サイクル計画のもう一つの要《かなめ》、福井県敦賀市にある高速増殖炉の原型炉「もんじゅ」が、ナトリウム漏洩火災事故を起こしました。

事故後、事故現場の状況を撮影したビデオの一部を動燃（動力炉・核燃料開発事業団、当時の「もんじゅ」の事業主体、現在は日本原子力研究開発機構に改組）が隠していたことが発覚して、大きな問題となりました。

原子力発電の初期には、高速増殖炉は「夢の原子炉」と呼ばれ、その稼働が最終目標でした。有限なウラン資源に代わり、燃やした以上のプルトニウムが得られるという高速増殖炉は、まさに「夢のエネルギー」だったのです。

研究開始から四〇年以上が過ぎたいま、その夢は潰《つい》えました。「経済的、技術的に困難・あまりにも危険」という理由で、先進各国が高速増殖炉の開発を断念したのです。

「もんじゅ」は、六ヶ所村再処理工場と切っても切れない関係にあります。もともと、六ヶ所再処理工場で取り出したプルトニウムは、「もんじゅ」で燃やされ、プルトニウムを「増殖」する予定だったのです。ですがその「増殖」についても、倍増するのに四五年～九〇年かかるとされています。そんなペースでエネルギー需要をまかなうことができるとは、とても思えません。また、「もんじゅ」の使用済み燃料をさらに再処理して、プルトニウムを取り出す過程で減損するので、そもそも「増殖」すらできないと、物理学者の槌田敦さんはいわれています。

「もんじゅ」の事故で、プルトニウムが行き場を失なって出てきたのが、「プルサーマル計画」です。これはプルトニウムをウランと混ぜ（この混ぜた燃料をＭＯＸ燃料といいます）、通常の原子炉で燃やそうというものです。通常の原発はウランを燃やすようにできていますから、これにプルトニウムを混ぜて燃やすことは、石油ストーブにガソリンを混ぜて燃やすようなもので、とても危険です。また使用後のＭＯＸ燃料は、ウラン燃料のみの場合と比べて、中性子線の放出率も発熱量もはるかに大きく、再処理も困難で、たとえ再処理してプルトニウムを取り出せたとしても、質が悪く通常の原発で再利用することはほとんどできません。つまり、核燃サイクルのリサイクルの輪は途切れてしまっている上に、より危険な核のゴミを増やしてしまうのです。

また「もんじゅ」は、核分裂性のプルトニウム２３９の同位体比率が九八パーセント以上という、たいへん純度の高いプルトニウムを生み出します。通常の原爆で九四パーセント以上ですから、「もんじゅ」が生み出すプルトニウムは「超兵器級」のプルトニウムといえます。日本はすでに、この超兵器級プルトニウムを約三六キログラム（高性能原爆約二〇発分）保有しているそうです。これは、茨城県大洗町の高速増殖実験炉「常陽」と事故を起こす前の「もんじゅ」が、性能試験中に生産したものです。（参照：槌田敦、藤田祐幸他著『隠して核武装する日本』影書房）

予算がないないと大騒ぎしながら、「事業仕分け」でも国はこの「もんじゅ」を生き残らせました。先進各国もあきらめたほど技術的に難しく、動かせば必ず事故を起こすと多くの研究者がいうほど危険、真下に活断層があり大地震の恐れもある、「プルトニウム増殖」の夢も実質的に破綻している、そんな高速増殖炉「もんじゅ」を、なぜ日本はやめようとしないのでしょう。

ナトリウム漏洩火災事故の後も、「もんじゅ」は年間二〇〇億円という莫大なお金を使って施設を維持管理してきましたが、ついに今年（二〇一〇年）五月、危険を顧みず、性能試験再開に踏み切りました。ところが、一四年五カ月もの長い期間止まっていたプラントのこと、大方の予想通り、動かした直後から様々なトラブルに見舞われています。また、制御棒の挿入方法を運転員が知らなかったなどという恐るべき事態も発覚しました。安全の根幹に関わる運転操作の基本が継承されていなかったのです。まったく信じがたいことです。

大事故につながらなければいいのですが……。

○97年　東海再処理工場爆発事故

一九九七年三月一一日、茨城県東海村にある動燃再処理工場のアスファルト固化施設で火災・爆発事故が発生しました。ちょうど、福沢さんと私が青森県庁前に座り込み、高レベル廃棄物の搬入に抗議してハンガーストライキをしていたときです。

県庁向かいの電光掲示板ニュースに、「東海再処理工場で爆発事故」と大きく表示されたニュースを読んで、思わず息をのみました。幸いけが人はありませんでしたが、この事故では三七人が被ばくし、環境中にも放射能が放出されました。

○99年　東海村ＪＣＯ臨界事故

一九九九年九月三〇日、東海村のＪＣＯの核燃料加工施設内で、ウラン溶液が臨界状態に達し、核分裂連鎖反応が発生しました。中性子線の高濃度被ばくにより、死者二名、重傷者一名が発生した、国内初の臨界重大事故です。周辺住民にも被害が出て、ＪＣＯ従業員・防災関係者を合わせると約七〇〇名が被ばくしたといわれています。

事故から約一年後の二〇〇〇年一〇月一六日には、茨城労働局・水戸労働基準監督署が、ＪＣＯと同社東海事業所所長の越島建三氏を、労働安全衛生法違反容疑で書類送検、翌一一月一日には、水戸地検が越島所長の他六名を業務上過失致死罪、法人としてのＪＣＯと越島所長を、原子炉等規制法違反及び労働安全衛生法違反罪で、それぞれ起訴しました。二〇〇三年三月三日、六名に執行猶予付き有罪判決、ＪＣＯに罰金一〇〇万円の判決が言い渡されました。

水戸地裁は、「臨界事故を起こした背景には、長年にわたって杜撰《ずさん》な安全管理体制下にあった会社の企業活動において発生したものであり、その安全軽視の姿勢は厳しく責められなければならない」とし、さらに、「臨界に関する全体的な教育訓練はほとんど実施されておらず極めて悪質」と指弾しました。日本原子力史上初の刑事責任を問う判決でした。

○04年　美浜原発配管破断事故

二〇〇四年八月九日午後三時二二分、美浜原発でも重大事故が発生しました。死傷者は一一名にものぼっています。

営業運転中の関西電力美浜原発3号機の二次冷却系配管が破裂。約一四〇度、一〇気圧の冷却水が高温の蒸気と熱水となって建屋内に噴出し、五日後に迫った定期検査の準備作業をしていた

「関電興業」の下請け企業「木内計測」の作業員一一人が事故に巻き込まれ、五人が全身やけどで亡くなり、六人が重傷を負ったのです。

原子炉は事故発生の六分後に自動で緊急停止しましたが、高温のままであり、冷却に失敗すれば炉心溶融による破滅的な事故にいたるところでした。あのスリーマイル事故（アメリカ・一九七九年）も二次系冷却水の漏洩がきっかけで起きています。二次系といえども冷却材喪失事故を軽視することはできません。

五人の死者が出たにもかかわらず、放射能を含まない二次系配管の事故だからということで、国は「原子力にかかわる事故ではない」としています。この時に起きた配管破断は各地の原発でも予想されるため、この事故をきっかけにすべての原発が点検されました。

○07年　柏崎刈羽原発、中越沖地震で自動停止

二〇〇七年七月一六日に起きた中越沖地震では、マグニチュード6・8、震度六強～七という強い揺れのため、新潟県の柏崎刈羽原子力発電所で稼動していた原発四基がすべて自動で緊急停止し、三号機脇の変圧器からは火災が発生、約二時間にわたり黒煙が上がり続けました。全七基の原子炉を擁する合計出力八二一万二千キロワットの世界一の原発集中立地点が、世界で初めて、大地震の直撃を受けたのでした。

発電所内の敷地はあちらこちらで亀裂が走り、構内の道路は波打ち、陥没し、地震のエネルギー

の凄まじさを感じさせました。

東京電力は地震直後、現地視察に訪れた安倍晋三首相（当時）に、「外部への放射能漏れはない」と説明していましたが、のちに六号機の使用済み核燃料プールから漏れた水が日本海へ流出、七号機の排気筒からも約四億ベクレルの放射能漏れがあったと発表しました。

参議院議員の近藤正道さんによると、あふれ出た使用済み核燃料プールの水をかぶって被ばくした労働者がいるはずとのことですが、その後どうなったのでしょうか。

この地震後、国と電力会社が、以前から把握していた活断層の疑いの強い断層七本の存在を隠していたことが発覚し、問題となりました。

設計時の耐震想定値を二・五倍も上回る揺れに見舞われた原発は、大きなダメージを受け、制御棒が引き出せない、天井クレーンの破損等々の損傷・トラブルが計三千件以上発生し、市民団体が「廃炉にするべきだ」と主張していました。最近まで止まっていましたが、二〇〇九年一二月二八日に七号機が、今年一月一九日に六号機が営業運転を再開し、五月三一日には機能試験で一号機の原子炉が起動しています。

○国や事業者の隠蔽も

二〇〇七年には経済産業省内部で、使用済み核燃料を再処理して再使用する場合と、再処理せずに保管する場合の試算がされ、ワンス・スルー（再処理・再使用しないで保管する）のほうが経済的に負担が少ない、という結論が出たにもかかわらず、そのデータが意図的に隠されていたことが発覚して、大きな問題になりました。

また六ヶ所再処理工場でも、日立製作所が長年にわたって、再処理工場と貯蔵プールの装置等の耐震計算ミスを隠していたことがわかり、こちらも大きな問題になりました。耐震計算をやり直すなどして事業は一時停止し、日立は三二人の処分を発表しました。

原子力産業では、国ぐるみの隠蔽もなされているようです。なぜこのようなことがまかりとおるのか、本当に不思議です。市民運動の側にも、議員も巻き込み、疑問をそのままにせず情報公開を求めていく姿勢が必要だと思います。

日々被ばくの危険にさらされる労働者

年間二一〇トンの再処理を目標とした東海村再処理工場では、一九七八年一二月から一九九八年四月までの間に、三〇件の被ばく事故が起きました。多くの場合、社員と社員以外とでは被ばく線量が大きく違い、下請け労働者に被ばくが集中しています。

年間八〇〇トン再処理をする予定の六ヶ所再処理工場では、二〇〇六年三月にアクティブ試験入りをしてから現在まで、すでに四件の被ばく事故を発表しています。本格操業が始まれば、各作業工程で多くの被ばく者の発生が予想されます。そのほとんどは協力会社・下請け会社の作業員でしょう。

日本はすでに再処理して取り出したプルトニウム（核分裂性）を少なくとも二八・五トン余り所有しています（二〇〇八年末現在）。いまですら持て余しているプルトニウムを取り出すために、そんな被ばく労働を強いる必要があるのでしょうか。

発表された六ヶ所再処理工場での被ばく事故は次の四件です。

①二〇〇六年五月一九日ごろ　管理施設から被ばく者が退出して数日たってから被ばくが判明。

②二〇〇六年六月二四日　分析建屋で一九歳の下請け労働者がプルトニウムを吸い込んで内部被ばく。（日本原燃は七月三日に「調査の結果、内部被ばくはなかった」と発表。）

③二〇〇七年七月四日　汚染した手袋を外す際の手順を誤り、両足首付近に五〇ミリシーベルトを超える被ばく。＊

④二〇〇七年八月二三日　作業着に付着した放射性物質が着替え場所の床に落ち、それを踏んだ作業者の足の裏が五〇ミリシーベルトを超える被ばく。

＊年間被ばく線量の限度＝国際放射線防護委員会（ＩＣＲＰ）の勧告では、放射線作業従事者の被ばく線量の限度は１年間に50ミリシーベルト、かつ５年間の総量が100ミリシーベルトを超えない量とされている。一般公衆の被ばく限度は１年間で１ミリシーベルト。日本政府もこの値を採用している。放射線作業従事者の被ばく線量限度が一般の人より高く設定されている理由は、そうしなければ原子力産業が経済的に成り立たないからである。

六ヶ所再処理工場では、労働者の被ばく死も出ています。一九九七年九月から二〇〇四年一月までの期間、加圧水型原発（泊、伊方《いかた》、高浜、大飯《おおい》、敦賀《つるが》Ⅱ、美浜《みはま》、玄海）と、六ヶ所再処理施設の使用済み核燃料プールの定期検査の現場で、放射能漏れ等の非破壊検査をした喜友名《きゆな》正《ただし》さんです。出稼ぎ労働者として、非破壊検査の仕事をしていた喜友名さんは、累積被ばく線量九九・七六ミリシーベルトを被ばくして、悪性リンパ腫で亡くなりました。

非破壊検査とは、「物を壊さずに」その内部の表面や傷、あるいは劣化の状況を調べ出す検査技術です。必要があるときだけ呼び出されて、作業現場に派遣され、終われば沖縄に帰るという生活で、被ばくする労働だけをさせられてきたのです。各地の原発で年間許容線量を超えない作業時間にしていたのですが、結果として累積被ばく量が多くなり、死に至りました。

原子力施設は、このような被ばく労働なしには存続できないのです。

海に流される放射能

再処理工場が本格操業すると、三キロ沖合の海洋放出管から二日に一回、約六〇〇トンの廃液が放出されます。そこで出た放射能はすべて太平洋に拡散すると事業者は考え、国も認可しました。廃液の放射能が海岸に流れ着くことはないというのです。本当にそうなのでしょうか。私たちは、海流の流れを調べるために「再処理止めよう！　全国ネットワーク」で黄色の防水ハガキを流して調査をしました。

二〇〇二年八月二六日、作業船をお願いして放流管の周りを回りながら、クリップをつけた一万枚のハガキを流しました。青い海に黄色のハガキの彩りがそれはそれはきれいでしたが、揺れる小型船での作業は悪夢のようで、船酔いに悩まされました。

翌日には六ヶ所村の海岸が黄色く染まるほどハガキが流れ着いたと後で聞きました。その日は農作業が忙しく、見に行けなかったのが悔やまれます。

このハガキには拾った場所と日付を記入してポストに投函してくださいと記入しておいたので、帰ってきたハガキから、北は北海道から南は千葉県銚子市まで、だいたい二週間ほどで流れ着くことがわかりました。一年では終わらず、海流に乗って何年も海の中を回流することもわかりました。

このハガキと同じように放射能が流れるとすると、再処理工場から廃液が放出されるたびに、沿岸部に放射能が拡散し、また濃縮していくと考えられます。

海に流れた放射能は海草に付着し、プランクトンに取り込まれます。海草を餌にするウニやアワビも、プランクトンを食べる魚も、放射性物質を取り込み、最終的には人間が食べるのです。

この放射能が海を漂い、岩手県、宮城県、福島県、茨城県、千葉県と次々に汚染していくことになります。

空へ放出される放射能

空への放出は、高さ一五〇メートルの排気塔から、上空六〇〇メートルまで、時速七〇キロメートルで気体の放射性物質を噴射します。多くの放射能は大気に拡散していくと考えられていたようです。

ところが、二〇〇六年八月一五日、風がまったくない日に放出された放射性排気が、いったんは上空約六〇〇メートルまで上昇したあと、まっすぐ降下したのです。核燃施設の上空だけではなく、敷地境界から三、四キロ離れた地点にも放射能がまき散らされています。再処理工場が稼働したら、風のない日には敷地周辺でも放射能が漂うことになります。

二〇〇七年六月一七日、「原水爆禁止国民会議」主催で、再処理工場正門前から風船を飛ばして、気体の放射性廃棄物がどのように流れていくかの調査を行ないました。風船に結わえ付けたハガキは、三沢市の南方のおいらせ町、八戸市、五戸町で発見され、返送されました。約五〇キロメートル離れた八戸市に落下したのが四時間後でした。

排気塔から出る放射能は拡散されてはいますが、風のある日は六ヶ所村よりもむしろ周辺市町村に降下すると考えても間違いではないのでしょう。

周辺市町村に降下しなかった放射能は、風に乗り雲になり、遠く離れた地点でやがて落ちていきます。チェルノブイリの例でもわかるとおり、地球全体に広がっていくのです。

いつ放射能に汚染されるかわからない農地を守るために、農業者はこの二〇年、死活を賭けて反対運動をしてきました。風評被害を恐れ「放射能測定の結果を公表しないでほしい」といわれたことがありますが、そういう気持ちになるのも無理のないことです。

しかし、再処理工場が動き出したら、海や空に定期的に放射能が流れ出すのです。流れ出した放射能は行政区域で止まるわけではありません。六ヶ所村、青森県、東北地方は、海も山もまだ自然の恵み豊かな地域であり、都会に住む人たちの貴重な食料生産基地でもあります。

いつまでも放射能に汚染されない地域でありますようにと願うばかりです。

エピローグ——未来へ

「農」に生きる日々の生活

再処理工場が稼働したら放射能汚染が始まる。再処理工場から直線で六キロの距離に住んでいる以上、それは避けられないことです。私の家の周りにも酪農を営む農家が何軒もあり、昨年生まれた赤ちゃんも含め、小学生もいます。もし、本当に工場が稼働し、放射能が少しずつ蓄積されたとしても、私も含めてその人たちはどこにも逃げ場がないのです。

農業は今日した仕事の結果がすぐに出るものではありません。まじめに仕事をしたのに、たった一度の天候不順で皆無作、ということすらあります。畑の肥沃な土を作ることも、時間のかかる作業です。一〇年先、二〇年先を見据えて営農計画を立てなければならないのです。そこにある大地と密接につながり、日々の生活と切り離せない農業。

六ヶ所村周辺は肥沃な土壌に恵まれています。日本中探してもここほど農業に適している土地はありません。「こんな良い土地を放射能で汚して、そのあとどうするんだ」とある農業者は怒っていました。

六ヶ所村に帰ってきてから、両親が開拓した広い土地に、果樹を植えたいと思いました。りんご、梨、杏《あんず》、柿、栗……。でも、この木が実をつけるまでには何年かがかかる、そのころ再処理工場が動き出したら、果たして食べる気になるだろうか？　そう考えるとつい、植えた木の手入れもおろそかになってしまいます。帰村した一九九〇年当時、再処理工場は九八年には本格操業している予定だったのですから。

その後、延期に次ぐ延期を繰り返し、二〇一〇年になったいまも再処理工場はまだ操業していません。小さいころ祖父に教えてもらった「桃栗三年柿八年ユズの大馬鹿一八年」という言葉を思い出しても、つくづくもったいなかったと思うのです。あのころ植えた果樹をきちんと世話していたら、いまごろは食べきれないほどの果物ができていたのにと。

無駄になった二〇年を取り返すすべはありませんが、食いしん坊の私はまだあきらめきれず、今年こそ植えてみたい果樹を全部植えて、愛情を込めて育てていきたいと思っています。

家の周りには、昔母が植えた栗や梨の木があります。栗は秋になると実を落とすので、その実で栗ご飯を作り、チューリップの球根植えに来てくださる皆さんと味わうのも楽しみのひとつ。梨の木は毎年見事な花が咲いていますが、ある年、剪定《せんてい》しないと大きな実がならないのかもしれないと気づきました。それから来てくださった方々の助けを借りて剪定してみると、毎年実が大きくなります。一人前の実ができるのにはもう少しかかりそうですが、条件を整えてやれば六ヶ所村でも果物ができるのだとわかりました。

野菜や山菜は家の周りでほぼ自給できていますが、これからは大好きな果物も自給を目指していきたいと思うのです。ささやかな夢ですが、庭でとれた果物を楽しむ、そんな日を思い浮かべると、ほのぼのとした気持ちになります。

一〇年後、二〇年後に、いまはまだ小さい孫たちや同じ世代の子どもたちが、果樹園を訪れて季節の果物を楽しみ、野山を歩き、六ヶ所村の生活を楽しんでくれたらうれしいのですが。

地元の雇用創出を目指して

六ヶ所村は統計で見るかぎり、青森県内では比較的高齢化率が少ないほうです。それは日本原燃や関連産業に従事する若者がいるおかげだといえるでしょう。核燃産業以外にはほとんど仕事がないので、高校や大学を出てから村に残る若者は皆無です。

しかし、六ヶ所村は豊かな自然が残り、いろいろな可能性を秘めたところです。私は地元ならではの特産品を使い、原子力産業以外の仕事を作って雇用を創出していきたいと、この何年か考えてきました。

いま、一番力を入れているのはルバーブです。昨年からルバーブを育て、ジャムとして売り出しはじめました。もちろん無農薬・自然栽培。今年の春にはジャム工場も完成しました。六ヶ所村に住む私たちが愛情をこめて作るルバーブジャムを、特産品として売り出していきたいと夢見ています。

シベリア原産のこのハーブの根っこは、漢方薬で有名なダイオウ。畑で嫌われる雑草「ギシギシ」の親戚でもあり、とても強いので粗放栽培ができます。ルバーブの茎を二センチ程度に切り、砂糖を加えて煮ると、おいしいジャムになります。

ルバーブは消化を助け胃腸を整える効果があります。肌をきれいにするので、昔、ドイツの貴婦人は「一日一さじのルバーブジャム」を美容のためにとっていたとも。大きな葉はフキに似ていますが、蓚酸《しゅうさん》が強く食べられません。蓚酸を含むこの葉はお鍋磨きに最適なのですが、これは意外に知られていない情報です。

花とハーブの里の一画で。手前がルバーブ。

ルバーブの苗

昨年は三反歩の畑にルバーブを植え付けました。また一昨年の秋には二百本のブルーベリーの苗木も植えました。露地栽培のイチゴも増えています。これらのジャム加工で地元の人を雇い、持続可能なスロービジネスを作っていきたいと考えています。

もちろん、ここは六ヶ所村。放射能汚染の危険性も忘れず、毎年、原材料の放射能測定もする予定です。再処理工場が止まるか、私の力が尽きるか、どちらが先か際どいところですが、無理をせず、続けていこうと考えています。

原子力産業以外で生活費を得ることができたら、村の中でも自由にものがいえる人が多くなるはず。そして、私のささやかな試みに触発されて、地元の人たちもそれぞれのできることから仕事を作り出していくきっかけになれたら、と願っています。

本当の敵はだれ?

日本原燃の社員は夏と冬、六ヶ所村内の全戸にタオルとパンフレットを置き、「いつもお世話になります」とあいさつをして廻ります。日本原燃は業界の寄せ集め企業ですので電力会社からの出向社員が多いのですが、愛想が良く礼儀正しく、村では普段お目にかかれないような洗練された雰囲気を漂わせています。泊の母親の会の人たちも話していましたが、一度目は見向いてもくれない村民が、二度、三度と訪問を繰り返すうちに話を聞いてくれるようになるのです。ましてや顔ぶれは入れ替わっても二〇年も繰り返しているのですから、ほとんどの村民は日常のあいさつぐらいは交わすようになります。

この原燃社員を敵だと思うのは難しいことです。青森県内のイベント全部に協賛金を出していることも重なり、原燃はいまや頼もしいトップ企業なのです。社員一人ひとりと話してみても、実に人柄のいい人たちです。実際、いまある放射性廃棄物を環境に漏れないように管理していくために、是非とも必要な会社ではあります。

原燃は本当の意味での敵とはいえない。では何が、あるいはどこが本当の敵なのでしょう。

核燃サイクルは、これまで国策として扱われてきました。それなのに立地基本協定締結の当事者は、青森県知事、六ヶ所村長、日本原燃社長の三者だけで、国は入っていません。国は常に後方にいて、監督官庁として立ち会っているだけです。責任の所在が曖昧で、最終的に責任をとる人が確定できないのです。誰が考えても無謀で不必要な計画でありながら止めることができないのは、そんなことも関係がありそうです。

しかし、原子力発電所の使用済み核燃料を再処理して使うのは、原子力法の法律にそう定められているからです。法律を制定するのは国会です。この法律が変わらない限り、再処理工場はなくならないのです。端的にいえば、私たちは国と闘っているのです。私のような弱小市民活動家が内閣府直轄の公安警察のブラックリストに載るのも、だからなのか、とついうなずいてしまいます。

法律は不変に思えますが、本当にそうなのでしょうか。実は法律といえども不変ではなく、大多数の国会議員が支持すれば、必要に応じて変えられるのです。

日本が大きく変わったのは一九四五年の敗戦が契機でした。アメリカによる強制の下にですが、軍隊を放棄した民主的な憲法が成立したのです。

チェルノブイリ事故も主因のひとつとなって、旧ソ連は崩壊したといわれています。いま、六ヶ所再処理工場には、チェルノブイリで放出された放射能の約九倍に当たる、二四〇立方メートルもの高レベル廃棄物が保管されています。冷却する電源が喪失したら、約五〇時間後には環境中に放出される猛毒の放射性物質。しかも再処理工場の真下には活断層の存在が指摘され、頭上には米軍三沢基地からの実弾を積んだジェット戦闘機が飛び、射撃訓練を行なっているのです。

まともに考え始めると恐くてたまらなくなります。核燃サイクル施設のすぐ近くに住む人たちが、再処理工場の危険性を考えないようにしているのも、無理のないことです。

私も普段は意識して再処理工場のことは考えないようにしています。そうしないと、生活を楽しめないのですから。どんな人でも、二四時間緊張したままで生活していくことはできません。

でも、私は何と闘っているのか。

そう、直接的には、それは責任所在が曖昧なままの国策、県庁や村の職員、愛想のいい原燃社員です。ですが、最終的には、恐いことを考えないようにしている自分自身と闘っているのかもしれません。考えなければ、何も起きないといつも自分に言い聞かせていれば、何もしなくてもいいのです。反対運動に関わらなくてもよければ、生活はどんなに楽になるでしょう。

でも、こんなに危険なものが身近にありながら、何も起きないはずはないのです。いつも生活の雑用を片付けなければならない私たち女は、特にそれを知っているはずです。都合の悪い事実を見ないふりをしていても、消えてなくなるわけではないということを。

生活の中のほんの少しの時間は、核燃を、再処理工場を止めるための時間にしなければと、いつも思うようにしています。それは、長年電気を使いながら、放射能のゴミに思い至らなかった自分の責任を果たすことなのですから。

そして、無邪気に遊ぶ何も知らない孫たちに、この猛毒物質を残していかざるをえないことを、本当にすまないと思うのです。

「自立」して生きるとは

最近、フード・マイレージということがいわれるようになりました。その一番いい例が地産地消です。その土地でとれたものを食べる。街の中でも、相応の手間をかける時間があれば、かなりのことはできます。都市農業を実現させたキューバの例にも見られるとおり、意志あるところに道はひらけるのです。疲れたときには、緑の野菜を育てるだけでも癒やされることがあります。

とはいっても、私の息子もそうですが、街に住む人は忙しく、通勤して、仕事をして、家には寝に帰るだけというのが実態です。食べ物は買うしかないというその方たちが、買い物をするとき、あるいは外食をするとき、近くでとれた、あるいは作った物を選んで買うようにしたら、食べ物全体の輸送にかかる費用はかなり抑えられます。

地方の「自立」も同じように、その地域でお金と人のつながりがからみ合い、まわっていくようにできれば、いまよりもっと住みやすい社会になるだろうと思うのです。電気も限定された電力会社ではなく、地方自治体が発電し、太陽光や地熱、波力、水力、風力、温泉熱など、その地にあるものを利用して、作った分だけ使うこともできるのではないでしょうか。

人が集まれば、そこには生活が生まれ、仕事が生まれていきます。いまは貨幣経済しかありませんが、地域通貨も少しずつ試されるようになってきています。自分が本当にほしいものが、どんなにお金があっても手に入らないものかもしれない、と気づく人も出てきています。

回遊する魚のように、青年期には都会で忙しく働き、大人になってから出身地域に帰ってゆっくり暮らす、あるいは体力のある青年期に田舎で暮らし、年をとって体力がなくなったら、街でのんびり暮らす、というような、いろいろな生き方を受け入れる社会が、これからは求められているような気がします。

「自立」というのは、排他的になることではなく、その地で生活の基礎を築き、充足しながら、なお自由に生きる生き方だと思うのです。

〝持続可能〟な生き方を選べるのが「田舎」

映画『六ヶ所村ラプソディー』の中で岡山建設の社長さんが、「六ヶ所村はいま、ビジネスの宝庫だ」と話していました。ただし、残念ながらその時の話は、核燃関連産業に関してのものでした。たとえ核燃サイクル計画が途中で挫折しても、放射能のゴミは永久に村に残りますから、もちろん、その保守管理はずっと継続してもらわなければなりません。

それとは別に、六ヶ所村は、青森県もそうですが、豊かな自然の中にたくさんの可能性を秘めています。ここで仕事を作っていこうと思えば、素材には事欠かないほど豊富です。

緑豊かな森。そこからは間伐材も含め良質な木材が見込まれ、製材の過程で廃棄される木の皮なども捨てないで加工できれば、立派な燃料として生まれ変わります。

食材はよりどりみどり。おいしい水も豊富。好きなだけ使える豊かな土地も安く買えます。先行投資はある程度必要ですが、第一次産業、あるいはその関連産業には大きな可能性があるのです。

都会から来る方には、自然を生かした体験農業や体験漁業もまた、大きな魅力があるのではないでしょうか。

海では、漁師さんの漁船をチャーターして、イカ釣り体験をしたり、潮干狩りでしじみをとったり、氷上の小川原湖でわかさぎ釣りをしたり、いろいろな体験が可能です。

畑では、長芋やジャガイモ、ニンジン、大根など、実益も兼ねた体験農業の可能性もいろいろあります。役場庁舎のある尾駮《おぶち》の近くでは、ブルーベリーの摘み取り体験農園があります。

私は今年（二〇一〇年）の六月から、ジャム作りの体験農業を募集してみようと計画しています。ルバーブ、ブルーベリー、イチゴをそれぞれ原料にして、手作りのジャムを一年分作って持ち帰ってもらうのです。二泊三日の「牛小舎《ばらむ》」合宿で、近くの温泉入浴付き。新鮮な原料を自分で摘み取り、ジャムにして保存するのですから、実益もかねて楽しんでいただけると思うのですが、いかがでしょうか。

そして、青森県内の名所を廻る観光ツアーも。名所ではなくても、地元の人だけが知っている季節ごとに美しいスポットや、「地吹雪ツアー」なども喜ばれるかもしれません。

巨額のお金が入る核燃関連産業の隙間でも、このような仕事を作ることは可能ですし、それで充分、生活ができるのです。

そして、どんな生活にするのか、ですが、都会と違って田舎では、生活スタイルを自分で選ぶことができます。

暖房は、床暖房を兼ねたロケットストーブにするのか、薪ストーブにするのか、それとも手間がかからない灯油ヒーターにするのか。お金と時間と体力とを、その人に合わせて選んでいくのがベストでしょう。

調理も、ロケットストーブや薪ストーブ、灯油ストーブにするのか、プロパンガスにするのか、それとも最先端のＩＨ器具にするのか（持続可能な生き方を目指す人がこれを選ぶことはないと思いますが）。

薪作りの体力さえあれば、ロケットストーブや薪ストーブはほとんど経費ゼロで料理ができます。そして薪は植林を続ければ再生産ができます。灰は畑に入れ、人の排泄物も適切な処理を加えて肥料にできます。

移動は、公共の交通機関はほとんどないので、自分の足、自転車、バイク、車の中からお好みで選ぶということになりますが、冬場はやはり車がお勧めです。運転には充分な注意が必要ですが。


この春から二人の青年が「六ヶ所あしたの森」で木を植えて育て、「持続可能な生活」を目指すことを目的に、六ヶ所村で暮らし始めます。

「六ヶ所あしたの森」とは、土地を取得して植林・森林保護・維持管理をしながら六ヶ所村の森を再生させつつ、エコツーリズム、再生可能エネルギーの提案、環境教育等を計画している市民プロジェクトです。

これまでの反対運動にはいろいろな事情から関わることのできなかった人々が、この「あしたの森」で子どもたちと木を植え、東北町の農家・荒木茂信さんの全面的な指導を受けて、三年前に植えた木の下草刈りも始めました。再処理工場稼働を意識の片隅に置きながら、あえて抗議行動ではなく、持続可能な社会づくりに汗を流す若い親たちと若者たち。その方々の汗が、豊かな未来につながるように願ってやみません。

とはいえ、持続可能な生活も、それを維持する体力があってこその贅沢な楽しみです。私の持続可能な生活はそろそろ息切れがしていますが、跡を継いでくれる若い人がそのうちに出てきてくださることを待ち望んでいるところです。

これからの運動

ここ数年、私は体力に自信がなくなり、限られた動きしかできなくなりました。しかし、いまは昔と違ってネット社会です。私はまだネットをうまく使いこなせないのですが、努力は継続中。六ヶ所村でもこの六月から光ケーブルが使えるようになりました。アクションはできなくても、情報発信・情報収集を瞬時に行なえるこの世界なら、体が動かなくても運動はできそうです。

そして、これまでのように、「牛小舎《ぱらむ》」で村外からのお客様をお迎えし、六ヶ所村内、青森県内に住む住民とをつなぐ対話の場を作りながら、それぞれの思いをつなぐ架け橋になっていきたいと思います。

団塊世代の末尾に生まれた私たちは、貧しい子ども時代を過ごし、高度経済成長のまっただ中で子育てをしてきました。まさに私たちの生活の中から、放射能のゴミが出てきたのです。

経済成長が終わったいま、豊かさしか知らずに育った子どもたちの生活ぶりには、目に余るほどの無駄があふれています。しかし、大人になった子どもたちに節約を説いて聞かせても、本人がその必要を感じないのですから、あまり効果がないようです。

しかし、楽しいことなら？　体を使う労働は楽しいことです。労働で流れる汗もそんなにいやなものではなく、むしろ心地よく感じるときもある。食べるものも、自分で収穫したもの、自分で育てたものは、買ったものと味が違う。生活の中で自分でできる営みを増やしていくことこそ、最高の贅沢なのだという暗示を与えつつ、社会の中にある価値観の転換を図っていく。その動きを応援していくのも、ひとつの意思表示です。

核燃反対運動と並行して、日本の各地で「六ヶ所あしたの森」のような動きが生まれてきたのも、時代の変化を示唆する出来事ではないでしょうか。

話は変わりますが、「原子力バックエンド事業」という言葉をご存じでしょうか。二〇〇五年一〇月一日に施行された「原子力発電における使用済燃料の再処理等のための積立金の積立て及び管理に関する法律」によって、「バックエンド事業」の費用——つまり原発の使用済み核燃料の再処理、処分等の費用——についての「既発電分」（二〇〇四年度までの分）を電気料金に上乗せされて私たちは払わされているのです。特に意識しなくても、法律によって全国民が再処理工場を推進しているのが実態です。

私たちが原子力を推進する電力会社ではなく、水素や風力、太陽光などの自然エネルギーで自家発電や行政単位の発電を普及させ、やがては電力会社の送電線を外してしまう時代が来たら、環境破壊や被ばく労働者、核のゴミ発生の問題は一挙に片づきます。

反対運動としては、国会議員に働きかけて原子力法を改悪させないようにするとともに、自然エネルギー発電の促進を目指す法律を、制定させるべきでしょう。

六ヶ所村に放射能のゴミを押しつけながら、その点に気づいていない人が多すぎることも大きな問題です。いろいろな人がそれぞれの立場を生かし、あらゆる方法でこの問題を伝え、広げていくことが大切です。いま進行しつつある放射能汚染は永久に残りますが、それを止められるのは、老若男女にかかわらず、いま生きている私たちだけなのですから。

「花の森」で

宗教を信じない私が「死」を初めて真剣に考えたのは、父が亡くなったときでした。いままで意識のあった温かい体から最後の息が漏れ、次の瞬間にはただの物体に変わる不思議さ。火葬で残った灰は、長い年月がたってからやがて土や水に返り、原子となって草や木の中に蘇るのでしょう。

「生」のあとに続く「死」は不思議な現象です。死んだ肉体はあまりにあっけなく、昔の人たちが死後の世界に思いを馳せるのもなんとなくわかるような気がします。死んだ瞬間には悲しみも感じないのに、あとでいろいろ悔やむのも悲しむのも、生きている私たちの煩悩が多すぎるからなのでしょう。初七日や四十九日の忌み明けなども、残された遺族の悲しみが徐々に薄らいでいく期間として、本来は経験から生まれた風習として根づいてきたものではないかと思います。

父を送り、母を送り、夫を送って、その看取りの間も葬儀の間も、悲しみに浸る時間をとることができませんでした。家族の暮らしと切り離すことのできない反対運動とは、自分にとって何なのだろう、と改めて考えています。六ヶ所村で反対運動を続ける数少ない住民という特殊な事情はありますが、それでも、人の死にはもっと厳粛に向き合うべきだし、最期はゆっくり付き添ってあげればよかったと思うのです。

集落から少し離れた高台にある豊原の墓地には、数年前まで木の墓標が立ち並んでいましたが、いまは立派なお墓が多くなっています。二〇〇八年に私たち姉妹も、実家の姓である「磯崎家」のお墓を建てました。樺太《からふと》から位牌だけ帰った祖母、豊原で亡くなった祖父、両親、生まれてすぐに亡くなった小さい弟、二〇〇七年に千葉で亡くなった弟が、小さな墓石の下に眠っています。あまりけんかをしていなければいいのですが。

このごろは残り少ない人生の時間を、反対運動ばかりではなく、自分の家族とも分かち合いたいと思うようになりました。大人になった子どもたちと話し合う時間、成長していく孫たちと遊ぶ時間が、いまはとても貴重なものに思えるのです。

宗教を信じていない私は、お墓もいらないと子どもたちに話しています。私が死んだときはお葬式などをせず、遺灰を「花の森」にまいてもらい、生まれる前のように自然の中に帰りたいと願っています。

「花の森」とは、一九九五年からチューリップ畑の奥に育て始めた小さな森のことです。墓石が立ち並ぶだけの墓地よりも、お墓の代わりに木を植える「樹木葬」にあこがれて、畑の奥に木を植え始めました。宗教法人でもない個人が墓地を経営することはできないのですが、「散骨」なら法に触れないのです。

姉も賛成してくれて、三年前にオオヤマザクラの木を二〇本植えました。その前に落葉松《からまつ》やミズナラ、コナラ、桑、栗など、毎年一〇〇本ぐらいの植樹をしています。大きくなってきたら間伐もして、薪材にも利用したいと思っています。森は貴重な再生可能資源なのですから。

「花の森」の木も年月につれて少しずつ成長し森らしくなってきました。ここで眠りたい方、お父さんやお母さんの遺灰をまきたい方、いつでもご相談ください。

私と姉は、死んだら遺灰をオオヤマザクラの下にまいてもらいたいと希望しています。「花の森」で草や木や土になって、いつまでも六ヶ所村を見守り続けたいと思うのです。

願わくば花の下にて春死なむそのきさらぎの望月のころ——西行法師

「ハチドリのひとしずく」のように

六ヶ所村にUターンし、核燃反対運動に関わり始めてから長い時が過ぎました。両親、夫、弟を看取り、子どもたちも巣立って、私はいま、ようやく自由な時間をもてるようになりました。完全に健康な体ではない、というより、かなりガタのきている体なのが残念ですが、何をするにせよ、時間は死ぬまでありそうです。

運動に携わるようになってからいままで、たくさんの方々から物心両面にわたる親身なご支援をいただいてきました。長年活動を続けてこられたのも、皆さんの熱いはげましがあったからこそと、心から感謝しています。

残された時間で、皆さんからの出資で作られた合同会社「花とハーブの里」で、繰り返しになりますが、地元住民の安定した雇用の場を作り、日本原燃を自由に批判できる人たちを村に残す計画を進めています。また反対運動をしていた方々とその主張を風化させないためにも、反核燃PR館を作り、後の世代に託したいと考えています。

そしてその合間に、青春時代からあこがれていたけれどいままでできなかった一人旅を、楽しみたいと思うのです。せっかくいただいた人生なのですから、楽しまなくては！

六ヶ所村で活動を続ける住民は、特に初期のころ、生活すべてが闘いの中にあるといっても過言ではありませんでした。二四時間すべてが運動という中で、母親としての仕事も重なってついて行けず、精神的に追い詰められたこともあります。いま考えると、活動を進めるにしても、もう少しゆとりをもっていたら、家族に与える迷惑ももっと少なかったのではないかと思うのです。

反対運動の仲間たちとの関わりも、あんなに食い違うこともなかったでしょう。未熟な自分を思い出すたびに後悔するばかりです。

六ヶ所村は特殊な地域ですが、原発のある現地はどこも同じような問題を抱えています。反原発運動の黎明期だった四十年前と違い、いま時代は大きく変わり始めました。日本でも原子力を基本とする政策が変われば、技術的にはすぐにも自然エネルギーにシフトできる体勢が整いつつあります。現に世界各地で、原発廃止の方向へシフトしようとしている国もあるのです。

放射能汚染のない世界を望む皆さんの努力は、いつかきっと実現します。「ハチドリのひとしずく」のように、ささやかでもいまできることを続けていくこと。あきらめないで進み続ける一歩が、きっと新しい世界につながります。

その日が一日でも早く訪れることを願いつつ。

付1　再処理工場から放出される放射能と予想される被ばく

再処理工場は通常運転でも「一〇〇万キロワット級原発一年分の放射能を一日で出す」といわれるほどたくさんの放射能を環境中に出します。その放射能でどんな健康被害があるのか、専門家に聞いてもよくわからないのです。

六ヶ所再処理工場操業後、空や海に放出される人工放射能は莫大な量になります。六ヶ所再処理工場の事業指定申請書（一九八九年三月）では、年間約八〇〇トンの使用済み核燃料を再処理する工程で、排気塔から放出する気体廃棄物、海の海洋放出管から放出する液体廃棄物の年間放出量を次頁の表のように想定しています。

私は数字に弱いので、こんな表はつい敬遠してしまうのですが、呆然としてしまう数字だということはおわかりになると思います。このうち、クリプトン85とトリチウム、炭素14は、出てくる放射能をフィルターを通さずに全量放出するとしているのです。

では、この放射能からどんな健康被害が考えられるのでしょうか。いままでにわかっている範囲のことを調べてみました。

○クリプトン85

核爆発や原子力発電に伴ってできる核分裂生成物で、半減期一〇・七年。ベータ線とわずかなガンマ線を放出する無色無臭、他の元素と結合しにくい希ガスと呼ばれる不活性気体の放射能です。

大気圏核実験が始まる前までは大気中のクリプトン85はほとんど存在しませんでしたが、核実験が多くなる一九五〇年代後半から増え始めました。大気圏核実験が中止された七〇年以降の増加は、商業用再処理の増加が原因といえます。

現在の大気中濃度は、核開発以前の推定濃度の約一〇〇〇倍、一立方メートルあたり一ベクレル以上になっており、ドイツの観測では、年四％ぐらいの割合で増加していることがわかりました。これに大規模な六ヶ所再処理工場が加われば、加速度的に大気中のクリプトン85は

六ヶ所村再処理工場の主な放射性物質推定年間放出量

	放射性核種	半減期	排出量（ベクレル／年）
気体	クリプトン８５	10.7年	33京（3.3×10^{17}）
気体	その他放射性希ガス		190兆（1.9×10^{14}）
気体	トリチウム	12.3年	1,900兆（1.9×10^{15}）
気体	炭素１４	5730年	52兆（5.2×10^{13}）
気体	ヨウ素１２９	1570万年	110億（1.1×10^{10}）
気体	ヨウ素１３１	8日	170億（1.7×10^{10}）
気体	その他　アルファ線を放出する核種		3.3億（3.3×10^{8}）
気体	その他　アルファ線を放出しない核種		940億（9.4×10^{10}）
液体	トリチウム	12.3年	18,000兆（1.8×10^{16}）
液体	ヨウ素１２９	1570万年	430億（4.3×10^{10}）
液体	ヨウ素１３１	8日	1,700億（1.7×10^{11}）
液体	プルトニウム２４０	6560年	30億（3.0×10^{9}）
液体	プルトニウム２４１	14.4年	800億（8.0×10^{10}）
液体	セシウム１３７	30.1年	160億（1.6×10^{10}）

増え、地球規模の大気汚染と環境破壊、健康被害が憂慮されます。

ガンマ線による全身被ばくと、ベータ線が引き起こす皮膚がん、希ガスを吸い込むことによる体内被ばくが心配されています。

○トリチウム

化学的性質は水素と同じですが、水素の三倍の重さを持ち、ベータ線を出しながら崩壊する半減期一二・三年の放射性物質です。

自然界のトリチウムはわずかしかありません。人工的には、ウランの核分裂や、重水素の中性子吸収によってつくられ、現在の雨には一リットルあたり一〜三ベクレル含まれています。

科学的には水と同じなので、飲料水や食物として摂取されたトリチウム水は、胃や腸からほぼ完全に吸収されます。また、トリチウム水蒸気を含む空気を呼吸することによって肺に取り込まれ、そのほとんどは血液中に入り、血中のトリチウムは細胞に移行し、二四時間以内に体液中にほぼ均等に分布します。そして、トリチウムは皮膚からも吸収されます。

タンパク質、糖、脂肪などにも結合し、約三〇〜四五日のあいだ体内にとどまるため、体内被ばくの危険性が憂慮されます。再処理工場の操業が始まると、六ヶ所村や周辺の住民は、この三重水素を毎日体内に取り込むことになるのです。六ヶ所再処理工場からのトリチウムの液体の年間放出量は、一般人の年摂取限度量に換算して三億二四〇〇万人分、気体は三四〇〇万人分。各種のがんや遺伝子の損傷が心配されています。

○炭素14

天然では、大気中の窒素と宇宙線中の中性子との反応によって生じ、原子炉内では、炭素・窒素・酸素などと中性子の核反応で生じます。炭素12の放射性同位体であり、ベータ線を放出する半減期五七三〇年の放射性物質で、古代文化財などの年代測定にも利用されています。光合成で植物に取り込まれるので、農作物の汚染が懸念されます。酸素や有機物と結合して人体に摂り込まれ、染色体異常や遺伝子の突然変異の原因となることが心配されています。

○ヨウ素129、131

天然に存在するヨウ素は、非放射性のヨウ素127だけで、海草や魚介類などに濃縮されています。

六ヶ所再処理工場で使用済み核燃料を溶解する時に発生する放射性ヨウ素は、核分裂生成物で、ヨウ素129、ヨウ素131はともに揮発性があり、環境へ漏洩しやすい性質があります。ヨウ素129はベータ線を出して崩壊し、半減期は一五七〇万年。事業許可申請書では大気、海洋に放出され、外部、内部いずれの被ばくにも影響するとされています。

ヨウ素131の半減期は八日。チェルノブイリ事故では、放出されたヨウ素131によって、周辺住民に甲状腺がんなどの甲状腺障害がひき起こされています。

ヨウ素は、人間の成長に係わる甲状腺ホルモンの主成分で、甲状腺に蓄積されるため、まだ甲状腺の小さな子どもは特に影響を受けやすく、障害は子どもから出はじめます。一歳の子どもでは、甲状腺の重量が成人の一〇分の一なので、被ばく線量は成人の約一〇倍になるのです。

○セシウム137、134

セシウム137は半減期三〇・二年で、ベータ線とガンマ線を出して崩壊。セシウム134は半減期二・一年で、同じくベータ線とガンマ線を出して崩壊する放射性同位体です。科学的性質がカリウムに似ているため、筋肉や生殖腺に吸収されやすく、蓄積します。

気体、液体ともに被ばく線量への寄与が大きく、海水面、漁網、船体及び海中作業等からの外部被ばく、海産物摂取からの内部被ばくに影響するとされています。

○プルトニウム

原子炉の中で、ウラン238の核分裂により五種類のプルトニウム（238、239、240、241、242）が生成されますが、地上に存在する物質の中でもっとも毒性の強い猛毒物質のひとつで、アルファ線を出しながら（プルトニウム241はベータ線）崩壊し、半減期も非常に長いことから（プルトニウム239は二万四千百年、プルトニウム240は六五七〇年）、呼吸などで体内に入ると、生物学的な排泄による以外、その放射能が消滅することはありません。

ＩＣＲＰ（国際放射線防護委員会＝放射線防護に関する勧告を行なう国際学術組織。原子力推進側で、人の健康より業界の利益を優先するため、勧告の基準値がゆるい）の勧告に基づく計算でも、一グラムで約三〇〇万人強分の年摂取限度に相当するそうです。他に、一億四千万人分に相当するとの説もあります。

体内に取り込まれたプルトニウムは、そのそばにある細胞をアルファ線で傷つけ、肺がんや肝臓がん、白血病、遺伝障害の原因になります。

〇ストロンチウム90

原発の稼働や核爆発など、ウランやプルトニウムが核分裂するときにできる核分裂生成物。半減期二九・一年でベータ線を出して崩壊し、環境中において食物連鎖によって移動したり濃縮したりします。

カルシウムと化学的性質が似ているため、大気中に放出された場合、葉菜の表面に付着することにより、牧草を経て牛乳に移行したり、土壌中から野菜や穀物に吸収される経路が考えられます。

体内に摂り込まれると骨や骨髄に長く残留し、ベータ線を出し続けて白血病や骨肉腫の原因になります。

なぜ環境に放射能を出すのか

ふだんは努めて考えないようにしているのですが、再処理工場から出る放射能がどんなものか、おわかりになったでしょうか。ここまで読むだけで救いのない気分になります。

山田清彦さんは次のように書かれています。

「……放出制限はほとんどないも同様です。再処理工場が本格操業すれば、周辺の住民は、そのような汚染された空気を吸い込み、汚染された水に触れ、飲み込むのです。この際の『周辺の住民の範囲』は、何も再処理工場の近くに住む人を指していません。六ヶ所村の住民だけでなく、隣接する三沢市や、八戸市の住民だけでもありません。この範囲は、再処理工場のことを意識した人には非常に近く感じられ、意識しない人には無限に遠く感じられることでしょう。

このような汚染された空気の排出をやめること、汚染された水の放出をやめることはできないでしょうかと、専門家に尋ねたことがあります。つまり、閉鎖系の中で、汚染された空気も水も他に出さないで操業できないのかと尋ねたのです。その答えは、『できません』でした。『そんなことをしたら、工場内部の人間がみんな汚染されてしまう』という答えでした。」（『再処理工場と放射能被ばく——下北「核」半島危険な賭け2』より）

付2　六ヶ所再処理工場　最終試験開始後のトラブル等年表

（発表主体は日本原燃）

●2006年

03・31　再処理工場でアクティブ試験（最終試験）スタート。

04・12　再処理工場の前処理建屋で、11日にプルトニウムなど微量放射性物質を含む洗浄水約40リットルが漏れたと発表。

04・24　再処理工場で23日夕に、二つの建屋を結ぶコンクリート製地下道の中を通る配管の受け皿にたまった液体から、微量の放射性物質を検出と発表。

05・18　再処理工場で17日にウランなどを含む試薬品約7リットルが漏れたと発表。

05・25　再処理工場の分析建屋で作業員の体内被ばくがあったと発表。

06・09　再処理作業員の被ばく事故は、作業員の不注意により、汚染された手袋で作業衣の上部に触ったために放射性物質を吸い込んだ可能性が高いと発表。

06・19　再処理工場の建設工事現場で、16日に協力会社作業員が右手指にやけどを負う作業事故があったと発表。

06・24　再処理工場の分析建屋で試料の分析作業をしていた協力会社の男性作業員（19才）が体内被ばくした可能性が高いと発表。体内被ばくは5月中旬に続いて2人目。

●2007年

01・22　再処理工場の低レベル廃棄物処理建屋内で21日夜、微量の放射性物質を含む洗浄水約20リットルが漏れるトラブルが発生、と発表。

02・02　再処理工場の使用済み燃料受け入れ・貯蔵建屋で、1月31日に燃料集合体をのせる専用台を動か

すための シャフトが破損、と発表。

03・07　再処理工場のウラン脱硝建屋で協力会社の社員が足を滑らせ骨折したと発表。

03・12　再処理工場で、ウラン・プルトニウム混合溶液を蒸発させてできた粉体の上に、誤って混合溶液を追加して注ぐミスがあったと発表。作業員が皿に粉体が残っていないかの確認を怠る。

06・03　再処理工場の分析建屋から煙。放射線管理区域に当たる2階第21分析室の冷却水循環装置から煙が出て、室内に煙が充満。2006年3月末にアクティブ試験が始まって以後、火災による消防の出動は初。

06・12　六ヶ所村周辺で行なっている環境モニタリング結果のうち、海藻類に含まれるプルトニウムの濃度や空間放射線の測定値を、1999年度以降6度にわたり誤って報告していたと発表。

07・05　再処理工場で4日、作業員が足首に微量の放射性物質を付着させたと発表。汚染した手袋を外す際の手順を誤ったことが原因。

08・24　再処理工場で23日に作業員が足裏に微量の放射性物質を付着させたと発表。

09・04　再処理工場内の協力会社の事務所の天井から発煙。

10・10　原子力安全・保安院が六ヶ所ウラン濃縮工場の設備検査前に「合格」と発表したミスが発覚。

10・12　県原子力施設環境放射線等監視評価会が、尾駮沼のトリチウム濃度が上昇と発表。「仮に沼の水を飲んだとしても、健康に全く影響がないくらい低い値」と説明した。

11・14　再処理工場の燃料取り出しクレーン1台が故障と発表。

11・26　再処理工場ガラス固化体の溶接機故障で、ガラス固化作業中断。アクティブ試験の第4ステップ終了が12月上旬にずれ込みか。

12・27　再処理工場ガラス固化溶接機の一部が変形して、補修へ。

12・28　再処理工場ガラス固化試験中断。

●2008年

01・01　再処理工場の使用済み核燃料せん断装置の油圧装置配管から約800リットルの油漏れ。

02・20　再処理工場・ガラス溶融炉、カメラでの点検開始。
04・14　13日、せん断機作動用の油約60リットルが漏れたので、せん断を中止したと発表。
04・15　せん断機油漏れで、原子力安全・保安院が異例の調査指示。
04・23　日本原燃は、再処理工場の油漏れやＩＡＥＡの封印破損は注意喚起不足などが原因とする調査報告をまとめた。
05・02　再処理事業所内の技術開発研究棟で火災と発表。火災報知器作動せず。
05・15　再処理工場・ガラス溶融炉の廃ガスを処理する排風機が一時停止と発表。原因究明及び国への報告に10日ほど必要なので、5月竣工は不可能に。
06・11〜30　日本原燃がガラス固化設備の安定運転に向けた手法提示の報告書を原子力安全・保安院に提出。総合エネ調核燃料サイクル安全小委が30日に試験再開を了承。
07・04　2日にガラス固化体製造試験を再開するも、3日に溶融炉から容器へのガラス溶液の注入ができずに中断と発表。
07・30　再処理工場の竣工予定は11月に延期に。日本原燃が保安院に工事計画変更届。青森県、六ヶ所村に報告。
08・09　ガラス固化の新技術開発につき、16日の総合エネ調核燃料サイクル技術検討小委で、エネ庁が09年度からの3年計画を説明。総額１４０億円の開発費の半額を国が補助。
09・28〜29　3本のガラス固化体を製造。日本原燃では「おおむね順調」として10月下旬にも製造試験再開の構えだが、総合エネ調核燃料サイクル安全小委の委員らからは安易な再開を危ぶむ意見も。
10・02　六ヶ所再処理工場で試運転中に計画していた核燃料のせん断をすべて終了。約1カ月で残りの試験を終え、目標の11月中の工場完成（試運転終了）に間に合わせる方針。
10・10　ガラス固化体製造試験、3カ月ぶりに再開。
10・15　六ヶ所ＭＯＸ燃料工場の建設で準備工事開始。
10・31　六ヶ所再処理工場のガラス固化体試験、11月の終了予定は「厳しい」と、日本原燃・兒島社長が表明。
11・16　ガラス固化体製造試験、3度目の長期中断。10月下旬に不溶解残渣を初めて溶融炉に投入した直後から炉底に白金族がたまり始め、炉内をかき回す攪拌棒を入れようとした11月1日、棒を入れる窓が開かず、15日に窓ごと交換。棒を抜こうとしたところ、引き抜けず作業を中断。

11・25　六ヶ所再処理工場、15回目の竣工延期を発表。09年2月への工事計画変更を日本原燃が国に届出。

12・22　ガラス溶融炉で抜けなくなっていた攪拌棒の引き抜き成功と発表。

12・24　ガラス溶融炉で、こんどは天井の耐火レンガ約6キロが欠落したと発表。

●2009年

01・22　再処理工場で21日、溶融炉への廃液供給配管から高レベル廃液21リットルが漏れたと発表。同日にはモニタリングポストの火災も起きた。漏れた量は実は149リットルだったと30日、報告書。

01・30　再処理工場、完工を8月にまた延期。固化再開は見通し立たず。

02・01　再処理工場で再び配管から高レベル廃液漏れ。

02・18　再処理工場、ガラス溶融炉にたまった白金族の金属を押し流す洗浄運転の方法を改善するため、新たな設備追加を発表。設計・工事方法の変更認可申請。高レベル廃液と同じ成分の模擬廃液（非放射性物質）で洗浄運転の円滑化を図るため。

03・04　再処理工場で、高レベル廃液漏れのセル内洗浄中に、クレーン1台が故障。7日にも別の1台で故障があり、9日、洗浄作業を中断。

03・17　ガラス溶融炉に模擬廃液を供給して炉内に溜まった白金族を洗浄する設備新設を経産相が認可。

03・27　ガラス固化製造試験が中断しているトラブルで、溶融炉の底に落下した耐火レンガの回収器具を設置するため、日本原燃が経産相に設計・工事方法の変更認可を申請。

03・30　定例記者会見で日本原燃社長、5月中の試験再開は厳しいと表明。

04・02　再処理工場高レベル廃液漏れで5件の保安規定違反。保安院が原因究明と再発防止策を日本原燃に指示。故障で停止後に部品を交換して使用を再開した別のクレーンが、3月31日に再び故障したことも報告。

04・03　再処理工場で、放射性物質を閉じ込めるために小部屋（セル）内の気圧を低くする排風機が故障したと発表。

04・16　日本原燃がＭＯＸ燃料加工工場の竣工を2年8カ月繰り延べ２０１5年6月に計画変更。

05・23　再処理工場で、廃液洗浄用のマニピュレーター（遠隔操作装置）が4月下旬から操作どおりに動かないとして点検開始。

05・25　東北大と八戸工大が高レベル廃棄物の発熱を暖房や給湯、融雪等に利用する技術研究で連携と発表。六ヶ所村で原子力人材育成・研究開発センターの開設準備を進める青森県も加わり、青森市内で事業開始式。

05・28　再処理工場ガラス溶融炉炉底に落下した耐火レンガ回収器具設置に許可。同日の定例記者会見で日本原燃社長は「8月完工は困難」と表明。

06・03〜27　再処理工場でまた重油漏れ。5日にはマニピュレーターの昇降用チェーンに磨耗と発表。22日、チェーンの動作を固定するガイドレールにも破損と発表。27日、電源系統でも不具合。6日、19日には作業員のひざ、足裏に放射能付着・被ばく。

06・29　再処理工場の竣工は「相応の遅れを覚悟」と日本原燃社長が定例会見で表明。

07・14　再処理工場のガラス固化建屋にあるマニピュレーターの不具合で、3度目の部品交換を実施することを明らかにした。

07・24　六ヶ所再処理工場に二重派遣した問題で、東京のプラント設計会社「辰星技研」に国が行政処分を下した。

08・11　再処理工場の高レベル放射性廃液ガラス固化建屋で、作業員が線量計を着用しないまま約1時間にわたり作業をしていたと発表。

08・25　再処理工場ガラス固化建屋のセル内で、監視カメラの通信用コードの差込部分が変形していたと発表。コードは予備がなく、セル内の洗浄作業にはカメラの復旧が不可欠なため、今月中の洗浄再開は困難に。

09・01　再処理工場の使用済み燃料受け入れ・貯蔵建屋に、大量の低レベル放射性廃棄物が仮置きされていることが、31日わかった。

09・10　再処理工場の精製建屋で、放射能を含む排ガスを処理する設備の警報装置が故障し、約1分間作動しないトラブルがあったと発表。

09・15　日本原燃は12日に再開したばかりの洗浄作業

を一時中断したと発表。マニピュレーター関連機器の異常を示す警報が出たため。復旧の見通しは不明。

09・15　再処理工場の使用済み燃料受け入れ・貯蔵建屋で、非常用電源であるディーゼル発電機から潤滑油が約1.5リットル漏れたと発表。

09・19　マニピュレーターを分解し、詳しく点検すると発表。

09・25　マニピュレーターの内部ケーブルが損傷した可能性があるため交換すると発表。同機具は1カ月前に部品の一部を新品に交換したばかり。

10・23　高レベル廃液ガラス固化建屋のセル内で22日、配管のつなぎ目から液体約20ミリリットルが漏れているのが見つかったと発表。

10・30　22日に漏れているのが見つかった液体は、高レベル放射性廃液だったと発表。高レベル廃液の漏洩は3度目。1、2月の漏洩以降、配管には廃液が供給されないようになっていたが、なぜ供給されたかは不明。

11・18　再処理工場の使用済み核燃料受け入れ・貯蔵建屋で16日、非常用ディーゼル発電機のうち一機を点検中、エンジン内から油分が混じった微量の水が確認されたため、使用を一時停止と発表。

11・19　再処理工場高レベル廃液ガラス固化建屋で18日、排ガス洗浄系の水循環ポンプ1台が故障と発表。

12・24　ガラス固化建屋での機器洗浄作業を再開。

●2010年

01・05　日本原燃はMOX燃料加工工場の着工を2010年5月に延期と発表。国の耐震安全審査が長期化しているためで、延期は3度目。

02・09　再処理工場・使用済み核燃料貯蔵プールの冷却系統が3時間停止。屋外の配管が凍結したため。

03・17　再処理工場の精製建屋内で16日、配管からプルトニウム溶液などが漏れていないか検知する装置2系統のうち1系統が動作不良と発表。

04・03　再処理工場のガラス溶融炉炉底に落下した耐火レンガを回収する作業に着手。

04・21　耐火レンガの回収作業を一時中断と発表。回収装置を一部改良するため。3日から計9回の挑戦で、一度もレンガを持ち上げられず。

05・11　溶融炉のあるセル内の気圧が一時的に上昇する問題が発生したのに、工場長へ連絡しなかったことが判明。保安規定違反。

05・26　溶融炉の底に落ちた耐火レンガとみられる物体を引き上げた、といったん報道機関に連絡したが、約3時間後に回収の事実を撤回。引き上げる途中で落下した可能性が高いという。

06・17　改良された回収装置で、耐火レンガ（縦24センチ、横14センチ、厚さ7センチ）を回収。レンガが欠け落ちた原因は不明。

07・03　ガラス溶融炉で進めていたガラス溶液の抜き出し作業を終了と発表。約2週間かけて炉の熱を冷ましてから、テレビカメラを入れて炉内に異常がないか点検し、その後、炉の底にたまった金属を取り除き、国などに報告した上で、アクティブ試験を再開させる計画。

07・12　ガラス溶融炉でテレビカメラを使った炉内点検を開始。

（＊本年表は、山田清彦著『再処理工場と放射能被ばく』（創史社）、「東奥日報」、「デーリー東北」の記事などを参照して作成）

●引用・参考文献・サイト

鎌田慧著『六ヶ所村の記録——核燃料サイクル基地の素顔』講談社文庫、一九九七年（岩波書店刊、上下巻、一九九一年）
馬場仁著・写真『六ヶ所村　馬場仁写真日記』JPU出版、一九八〇年
山田清彦著『再処理工場と放射能被ばく——下北「核」半島危険な賭け2』創史社、二〇〇八年
島田恵著・写真『いのちと核燃と六ヶ所村』八月書館、一九八九年
島田恵著・写真『六ヶ所村——核燃基地のある村と人々』高文研、二〇〇一年
船橋晴俊他著『巨大地域開発の構想と帰結——むつ小川原開発と核燃料サイクル施設』東大出版会、一九九八年
鈴木真奈美著『核大国化する日本——平和利用と核武装論』平凡社新書、二〇〇六年
原子力資料情報室／原水禁編著『破綻したプルトニウム利用』緑風出版、二〇一〇年
チェルノブイリ支援運動・九州編『わたしたちの涙で雪だるまが溶けた——子どもたちのチェルノブイリ』梓書院、一九九五年
高木学校編『受ける？　受けない？　エックス線　CT検査——医療被ばくのリスク』（高木ブックレット③）高木学校、二〇〇六年
グリーンピース・ジャパン編『核の再処理が子どもたちをおそう——フランスからの警告』創史社、二〇〇一年
核開発に反対する会編『隠して核武装する日本』影書房、二〇〇七年
加藤鉄編著『われ一粒の籾なれど——聞き書き小泉金吾』東風舎出版、二〇〇七年

新潟日報社特別取材班著『原発と地震――柏崎刈羽「震度7」の警告』講談社、二〇〇九年
朝日新聞取材班著『「震度6強」が原発を襲った』朝日新聞社、二〇〇七年

原子力資料情報室　http://cnic.jp/
三陸の海を放射能から守る岩手の会　http://homepage3.nifty.com/gatayann/env.htm
東奥日報（Ｗｅｂ東奥）企画　むつ小川原開発・核燃料サイクル施設
http://www.toonippo.co.jp/kikaku/kakunen/index.html
デーリー東北（Online Service）地域特報版　核燃料サイクル
http://www.daily-tohoku.co.jp/tiiki_tokuho/kakunen/kakunen-top.htm

あとがき

この冬（二〇〇九年一二月～二〇一〇年三月）は寒さを避けて老猫とともに、千葉県松戸市の次男の家で過ごしました。安定しない体をいたわりつつ、執筆作業の合間に雪のない道を歩き、久しぶりに楽しむ街の生活の便利さを実感。街の雑踏も何度か味わいました。

こんなにたくさんの人がいるのに誰も知らない。どこに行っても知人に出会う田舎暮らしでは考えられない自由さも、都会の良さなのでしょう。青春時代とは違う孤独感も久しぶりの経験でした。

「活動家」といわれ続けたこの二〇年、実際には平凡などこにでもいるおばさんなのに、有能なふりをしているようで、落ち着かない思いでした。雑踏のなかにいると活動家のふりをする必要もなく、一人だけの自分を振り返る時間をもつことができました。

貧しかった、でも楽しくもあった私の子ども時代。きれいな水と空気は当たり前のものとしてそこにありました。けれども、ほとんどの人が豊かになった現在、都会の水はまずくなり、空気さえも昔のままではありません。レイチェル・カーソンが『沈黙の春』で警告した自然界の異変が、加速度を増して起きているのです。放射能汚染に限らず、さまざまな経済活動に伴う化学物質の複合汚染が目に見えるようになった恐ろしさを、感じずにはいられません。

チェルノブイリの被害は二四年たったいまも拡大し、被ばく者も増えています。事故のあと、放射能を飛散させないために、作業員は被ばくしながら炉心を巨大なコンクリートの覆いで囲いました。いま、その覆いにヒビが入ってきたので、またその上に二重の覆いが必要になってきたといわれています。

事故後、私が六ヶ所村に帰って数年してから、『わたしたちの涙で雪だるまが溶けた』（チェルノブイリ支援運動・九州編、梓書院）という本が出ました。チェルノブイリで被ばくした白ロシアの子どもたちの作文集です。死んでゆく幼い子どもたちの言葉を読むと、胸が痛くなります。知人から、毎年出版される広河隆一さんのチェルノブイリ・カレンダーを送っていただくのですが、そのカレンダーを毎日見ることができず、自宅ではなく「牛小舎《ぱらむ》」に飾っています。

六ヶ所村の核燃施設は、いまでは日本の原子力政策の要《かなめ》です。日米安保条約によって米軍基地が集中する沖縄の人たちと同じように、私たちの六ヶ所村は、日本の原子力政策の矛盾、しわ寄せを全部押し付けられているのです。

日本の原子力政策が変わらない限り、いいえ、原子力政策が変わっても、核のゴミは残りつづけるのですから、反対運動をやめることはできません。

でも、いままでのように全力投球ではなく、自分の時間も確保しながら、ゆっくりと進めていきたいと思うのです。

両親の入植と開拓時代、赤貧の子ども時代を振り返り、併せて、六ヶ所村に注がれたたくさんの方々の熱い思いを記録しておきたいと漠然と思っていたのですが、時間をとれないままに過ぎていました。

ところが昨夏、脳梗塞を患い、自分に残された時間が残り少ないとわかったころ、影書房の松浦弘幸さんが「本を書きませんか」と声をかけてくださったのです。これ以上ないほどのタイミングの良さで、本を書くという慣れない仕事に踏み切ることができました。

慣れない執筆を根気よく指導してくださった松浦さん、ありがとうございました。

運動にかかわる中でできた友人・知人はかけがえのない宝物です。最後になりますが、有名無名を問わず、たくさんのすばらしい方々とめぐりあえたことに心からの感謝を記して、筆をおきます。

二〇一〇年七月二〇日

菊川慶子

扉写真提供：

PEACE LAND/YAM©

[著者]
菊川慶子（きくかわ・けいこ）

1948年、青森県生まれ。

1964年、集団就職で東京へ。

1986年に起きたチェルノブイリ原発事故に衝撃を受け、原発問題に関心をもつようになる。

六ヶ所村に建設が予定されている再処理工場から排出される放射能でふるさとが汚染されてしまうという危機感から、帰郷を決意。

1990年、六ヶ所村へ帰郷。以後、六ヶ所村核燃サイクル基地の建設・稼動中止をもとめて、地元住民として粘り強く運動を続ける。

1993年、農場「花とハーブの里」を設立。年に一度のチューリップまつりの開催やルバーブジャム工場の運営等を通じて、「核燃に頼らない村づくり」にチャレンジしている。

2006年公開の映画『六ヶ所村ラプソディー』（鎌仲ひとみ監督）に主要人物の一人として登場し、その生き方は多くの人々の共感を呼んだ。

合同会社「花とハーブの里」代表。

◎花とハーブの里　連絡先
〒039-3215　青森県上北郡六ヶ所村倉内笹崎 1521
TEL&FAX：0175-74-2522　ホームページ：http://hanatoherb.jp/

六ヶ《ろっか》所村《しょむら》　ふるさとを吹《ふ》く風《かぜ》
二〇一〇年九月一三日　初版第一刷
著者　菊川慶子《きくかわけいこ》
発行所　株式会社　影書房
発行者　松本昌次
〒114-0015　東京都北区中里三—四—五
ヒルサイドハウス一〇一
電話　〇三（五九〇七）六七五五
FAX　〇三（五九〇七）六七五六
E-mail＝kageshobo@ac.auone-net.jp
URL＝http://www.kageshobo.co.jp/
〒振替　〇〇一七〇—四—八五〇七八
本文印刷／製本＝スキルプリネット
装本印刷＝ミサトメディアミックス

定価　一、七〇〇円＋税

ISBN978-4-87714-409-8

六ヶ所村ラプソディー
ドキュメンタリー現在進行形

鎌仲ひとみ 著＋対談：ノーマ・フィールド

四六判並製 １８４頁 １５００円＋税

ISBN978-4-87714-389-3

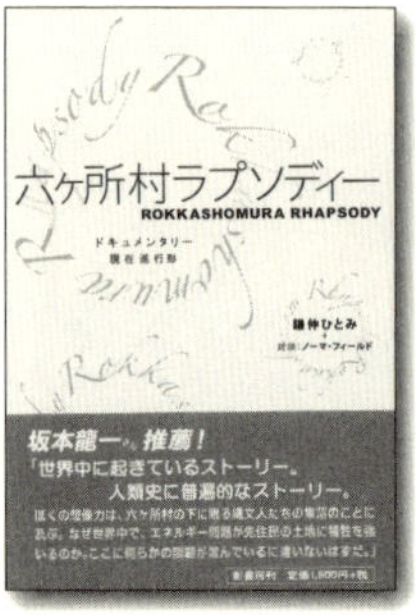

六ヶ所村核燃再処理を問う動きに新風を吹き込んだ映画『六ヶ所村ラプソディー』。反対・推進両者への取材から、原子力政策の問題点を改めて浮き彫りにした映画の製作ドキュメント。ノーマ・フィールド氏との刺激的な対談、４人の市民によるコラムも収録。

鎌仲ひとみ 著＋対談：土本典昭

ヒバクシャ ドキュメンタリー映画の現場から

四六判並製 ２３６頁 ２２００円＋税

イラク―アメリカ―日本の〝ヒバクシャ〟をつなぎ、内部被曝の脅威を追究したドキュメンタリー映画『ヒバクシャ―世界の終わりに』。内外で高い評価を受けた監督が映画制作の道のりを綴ったドキュメント。『水俣』の土本典昭監督との対談、映画シナリオを付す。

ISBN978-4-87714-347-3

核開発に反対する会 編

隠して核武装する日本

四六判並製 １９０頁 １５００円＋税

執筆者：槌田敦、藤田祐幸、井上澄夫、山崎久隆、中嶌哲演、望月彰、渡辺寿子、原田裕史、柳田真

「原子力の平和利用」を隠れ蓑に、日本は核開発を進めていた?! 政府はなぜ六ヶ所村再処理工場や「もんじゅ」を強引に動かそうとするのか？「日本核武装論」に歴史的・実証的に反論する初の本格的論集。「核なき世界」を語るためにもまず足元の現状を知ろう。

核武装推進・容認の国会議員リスト収録

ISBN978-4-87714-376-3

平岡　敬　著

無援の海峡

ヒロシマの声　被爆朝鮮人の声

Ａ５判変形上製　３０８頁　２０００円＋税

救援の手がほとんど差しのべられないままの韓国人被爆者。彼・彼女らの声は、日本国家の、そして日本人の加害の歴史に対する責任感の欠落をきびしく告発する。国家を超克する平和と人権の思想とは何か。元広島市長が新聞記者時代に渾身の力を傾けたルポルタージュ。

ISBN978-4-87714-003-8

肥田舜太郎　著

広島の消えた日

被爆軍医の証言

四六判上製　２１８頁　１７００円＋税

戦後六四年にわたり被爆者の診察・治療に携り、放射能の内部被曝問題を追究し続ける元軍医が、原爆被爆前後の状況を克明に綴った第一級の証言手記。原爆の真の恐ろしさとは何か——。〝被爆医師〟として関わった被爆者たちの戦後の苦難、核廃絶へむけた自らの歩みを書き下ろした「被爆者たちの戦後」を増補した新版。

ISBN978-4-87714-403-6